第一本
素西餐料理书

风尚 ◆ 精致 ◆ 健康 ◆ 美味的100品

Western Vegetarian
Cooking

李耀堂　著

U0320989

中国纺织出版社

作者序

　　十年前的因缘，让我在社区大学教素食烹饪，我在厨房中以义工方式、学习的心态，快速地走入素食的世界。非常喜爱逛菜市场的我，也很喜欢走进卖素食的店一探究竟，了解这些素食的来源及成分后，慢慢地，我拓展了对素食的认识，也进一步对素菜的菜式产生兴趣，进而想要创作出有别于以往素菜单调乏味的料理口味。

　　素食厨师非常短缺，这也是我当初为何选择与众不同的路线的原因；就餐饮素食市场来说，它在不断成长，而且用餐人数不断增加。走进素食餐厅中也不见得全部人都是纯素食主义者，有的是初一、十五吃素，有的是陪吃，也有的是方便就好，不管是哪种因素，我一直深信素食市场占有率会越来越高。

　　随着授课及多年实验的累积，素食之于我，可以很天然、很随兴，转个念就是创意连连。近年来，为了健康、乐活而开始食用蛋奶素的人口不断上升，在西方饮食日渐发展的今天，运用西餐手法，添加香草植物，并且采用大量新鲜蔬果，创造出"蔬食"一词，更让素食减少了严肃，多了点平易近人，甚至带动现代饮食的新风潮。

　　西餐的料理强调食物的原味，并且运用香料带出食材本身的风味并加以提升，手法也多变化，这正是我一直追求的：素食也能口感丰富、回味无穷。本书基于这样的基础，运用不同的食材、香料、烹饪方法到摆盘，让您在家也能享受素食好滋味。

**Part One
基·础·学·堂**

烹调需知说明
1. 单位换算：1杯＝240毫升，1大匙＝15毫升，1小匙＝5毫升，少许＝略加即可，适量=看个人口味增减分量。
2. 书中标示的素食种类，部分菜使用现成食材，其制作过程有加蛋或是奶制品，虽然其余食材没有蛋或奶制作，依然会标示"奶蛋素"。
3. 书中使用的橄榄油凉拌用皆是特级初榨橄榄油，煎炒等用的二级冷榨橄榄油，简称纯橄榄油。
4. 酸模即山菠菜。

Part Two
活·力·早·餐

Part Three
精·选·附·餐

Part Four
特选主菜

Part Five
蔬·食·面·饭

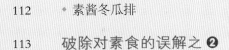

Part One

基·础·学·堂

素西餐的料理概念和西餐是相通的，

初次踏入素西餐之境，心里难免有些不安，

为了能让每个人驾轻就熟、开心做蔬食，

书中把制作素西餐的要诀归类在八个基本讲座中，

通过详读文字、增加实战经验，就能优雅吃素、乐活蔬食。

Basic 1 素西餐基础讲座

近年来，在追求健康与养生的潮流下，
越来越多的人加入吃素行列，也让素食市场变得更加精彩。

认识素食

••• 素食种类看清楚

基本上，素食可分为全素（纯素）、蛋素、奶素、奶蛋素及植物五辛素等5种。

全素	只食用不含奶蛋及五辛（葱、蒜、韭、荞及洋葱）的纯植物性食品。就连肉类或动物副产品如燕窝、蜂蜜等，也在纯素者禁食的范围内。
蛋素	除了植物类食物外，也吃蛋类及其制品，但不包含奶类及其制品食物。
奶素	只吃奶类及植物类食物，不食用蛋类及其制品。
奶蛋素	除了植物类食物外，也吃奶蛋类及其制品。
植物五辛素	可食用含植物五辛的植物性制品。五辛指的是葱（青葱、红葱等）；蒜（大蒜、蒜苗）；韭（韭菜、韭黄、韭菜花）；荞（藠荞、薤白）及兴渠（洋葱）。

由此可见，这5种素食分类虽然都有"素"字，意义却不尽相同。

••• 素食定义因地区不同

不同国家和地区的素食有所不同。例如，香港地区的素食，可能会添加植物五辛素，内地的素炒饭，里头加了葱花；此外，在欧美国家，有些地区认为只要不加入肉类制品都可称为素食，所以当您点了一份素食餐点，会在里头找到海鲜。

本书的食谱都会标示素食类别，读者基于本身需求，可以增减可食用和不可食用的食材。建议最好是以奶蛋素为宜，才能摄取到较足够且完整的营养。

东西方吃素大不同

其实，东西方人吃素的历史都相当悠久，但吃素的理由不太一样。东方人吃素，大多是受宗教信仰影响，尤其是佛教；西方人则偏向于爱护动物、环保意识而吃素。

••• 东方素食文化与佛教密不可分

佛教源于印度，后来陆续传入中国、日本等地。一开始，佛教并无吃素的观念，僧侣在外化缘，都是信徒供养什么就吃什么。佛教传入中国后，南朝的梁武帝受到大乘佛教如来藏学派严禁肉食思想的影响，决定断除肉食，并颁布"断酒肉文"，而成为中国佛教素食文化的起源。

在日本，素食称为菜食或精进料理，原本是佛教寺院内的僧侣料理，忌食肉类、鱼贝类及香辛类（葱、蒜、洋葱等）。精进料理含有禅宗的精进精神，以季节性蔬菜和豆类制品为主；其中，最著名的就是京都汤豆腐，从原本日本寺院僧侣食用的餐点，演变成游客造访京都必尝的特色料理。

••• 西方素食文化源自古希腊时代

西方的素食文化可追溯到古希腊时代。据说，最早的素食主义者是古希腊哲学家毕达哥拉斯。以"毕氏定理"闻名的毕达哥拉斯，主张无肉饮食，因为他相信众生皆有灵魂，就连动物也不例外，所以戒绝水产和肉类。

毕达哥拉斯被认为是"西方素食主义之父"，但现代素食运动直到19世纪中叶才开始，一群志同道合的人在英国成立素食者协会，主张节制、自我克制为素食主义者的理想，纵欲、酗酒则起因于过量的肉食。著名的素食者包括：托尔斯泰、萧伯纳、甘地等。

到了20世纪60年代，素食主义运动进入美国主流社会，并在70年代风起云涌。当时，拉佩（Lappe）撰写《小行星的饮食法》（*Diet for a Small Planet*），倡导无肉饮食，并非为了道德因素，而是因为素食相较于肉食，较能减少对环境的冲击。另外，世界著名哲学家皮特·辛格（Peter Singer）在1975年出版的《动物解放》（*Animal Liberation*），也影响不少人因动物权利问题而改吃素。

••• 中西素食吃法不同

中式素食食材主要以豆类制品为主。传统中式素食使用香菇及姜来提味、爆香，主要食材则以豆类加工品，常见豆干、豆腐、素肉、素鱼、面筋等，烹调方法以煎炒、炖煮、油炸为主，调味用料则和荤食无异，但更重香菇、香油的香气，菜式则会追求和荤菜具有同样香气和口感。这几年中式素食不断改良，除了减少素肉、素鱼等加工食材，也重视蔬菜、香料的活用，菜色上更是丰富多元，不再光是复制荤食的料理。

西式素食的烹调过程比较简单，多只经过一次烹调，而豆腐非一般西方人饮食中会出现的食材，所以西方素食者多运用新鲜蔬果来制作素食，再加上既有饮食文化上的不同，对于生菜沙拉的接受度高，以及一次烹调的料理习惯，显出食材原味的同时，也保留较多营养素。

吃素的5大好处

全球有越来越多人为了健康或环保而加入吃素的行列，甚至就连好莱坞明星也流行吃素，可见大家已逐渐了解素食对身体的益处。到底吃素有哪些好处呢？

好处 1　维持肠道健康

多摄取蔬果是维持肠道健康的前提。由于蔬果中富含水溶性和非水溶性纤维素，可促进肠道蠕动，缩短食物残渣或致癌物质与肠黏膜接触的时间，帮助排便顺畅，进而保护肠道健康。

想要获得足够的纤维，就先从天天五蔬果开始做起。多摄取纤维含量高的蔬菜，像是牛蒡、芦笋、菠菜、西芹、小油菜、菜花等，而且餐餐都要吃到半碗菜，才能维持肠道健康。另外，以全谷根茎类取代精致谷类，并多吃菇类，也是增加纤维摄取的好方法。

好处 2　帮助控制体重

如果要减轻体重，首先吃进体内的热量必须小于每天消耗的热量，否则多余的热量无法代谢掉，只能囤积在体内，长期下来就会造成肥胖。蔬菜因含有大量的纤维，可增加饱足感，减少热量摄取，所以有助于控制体重。

好处 3　养颜美容

吃什么对皮肤最好，是很多爱美女性关注的议题。其实，皮肤状况的好坏与饮食习惯、生活作息有密切关系。如果身体缺乏某些营养素，也会从皮肤上表现出来，例如皮肤干燥、无弹性可能是维生素C及胶原蛋白不足。炎炎夏日，紫外线易对肌肤造成伤害，维生素A是表皮细胞重要的营养素，有助于皮肤新陈代谢；维生素C则可促进胶原蛋白合成，增加皮肤抗氧化能力。

因此，想要增加肌肤的润泽感，不妨多吃蔬果。菜花、小黄瓜、芦笋、青椒、苹果、菠萝、圣女小番茄、草莓、奇异果等，含有丰富的维生素C，可提高皮肤对抗紫外线的防御力，使肌肤保持弹性、白皙，维持好气色。胡萝卜、甘薯、南瓜、芦笋、起司等，则是补充维生素A的不错来源。

好处 4　预防慢性疾病

素食中的全谷根茎类、豆类及蔬果，含有大量的维生素、矿物质、纤维和植物性化合物。B族维生素中的叶酸、维生素B_6，可降低血管损伤，减少血栓生成；维生素E可预防血管内皮细胞氧化，保护心血管健康，进而预防心血管疾病。植物性化合物如异黄酮素、茄红素等，可降低乳腺癌、前列腺癌等发生的概率。

此外，多摄取全谷根茎类、豆类及蔬菜类，也能减少胆固醇及饱和脂肪酸的摄取量，远离高血压、糖尿病等慢性疾病的威胁。

好处 5　保护地球

生产1千克牛肉所排放的二氧化碳量是素食者食用等量食物的3倍；若想要减少排碳量，减缓地球暖化，多吃蔬菜少吃肉是有效的方法。

素西餐健康时尚的新潮流

近年来，在健康、养生风潮带动下，专门提供蔬食餐点的西餐厅越来越多地使用大量当地当季食材，并以少油、少盐方式烹调，再加入异国料理手法，做出创意的西式蔬食料理，证明吃素也可以很精致。

潮流 1　强调吃出食物原味

现代人吃素，不再像以前只要求吃饱就好，而是强调吃素也要吃得巧，不仅要用心感受食物的美好，更要品尝食物真正的原味。为了让客人吃出食物的最初原味，西式素食餐厅坚持使用当季盛产的时令蔬食，尊重食材原味、不过度烹调。有些料理还会选用本身具有甜味的根茎类蔬菜如南瓜、胡萝卜、甘薯等，让滋味变得更加丰富多元。

此外，现代的西式素食料理已跳脱传统素食的局限，口味也从清淡转向多元，以吸引广大的非素食人口，就连肉食主义者也忍不住说赞！

潮流 2   采取异国料理手法

在融入异国烹调手法上，坊间西式素食餐厅最常用的是意式料理手法，讲求食材的新鲜度，烹煮过程中，大量使用橄榄油、番茄、起司及各种香料；为了忠于原汁原味，较少油炸、煎煮，大多采取烧烤、蒸煮、水煮或是腌过后再与配料一起烹煮，创造出层次分明的多重口感。

因追求显现食物本身的原味，餐厅厨师会等到点完菜后，才开始烹调，一切都以新鲜为原则，甚至就连意大利披萨、印度烤饼之类，也强调现点现做，通过开放式厨房还能看见师傅现场手工擀饼皮，真正体验乐活慢食文化。

潮流 3   多用天然香料提香

为了提味，西式蔬食餐厅也使用意大利香料，像是罗勒、迷迭香、俄力冈、鼠尾草、法香、百里香等，以香料的天然温和味道取代辛辣刺激的调味料。有些还会加入小茴香、辣椒，以去腥提味，但意大利香料为植物五辛素，纯素者点菜时得多加留意。

另外，天然蔬果如青葱、洋葱、大蒜、柠檬，也可用来增添菜肴的香味；或选用天然的果干如椰枣、葡萄干、蔓越莓作甜味剂，代替精制糖。

潮流 4   色彩搭配令人开胃

重视摆盘、保持蔬菜的原始色彩，也是西式素食餐厅的重点。例如在食材上，以红、黄、白、绿为主色，选用黄甜椒、胡萝卜、番茄、南瓜、菇类和深绿色蔬菜，搭配出色彩缤纷的佳肴，光看颜色调配，就令人忍不住食指大动。强调五色蔬果的搭配，期望顾客看到食物的瞬间，打破对素食的刻板印象，也因此吸引到不吃素的人群。

Basic 2 认识特殊食材

本书中使用了一些平时不常吃到的食材，除了风味特别之外，还有特殊的营养价值，现在就来尝尝鲜吧～

马苏里拉 ▶

帕玛森起司

✳ 牛肝菌〔全素〕

牛肝菌是一种高档菌菇类，因为外形肥大似牛的肝脏而命名，味道重、极为鲜美，喜欢在温暖潮湿的森林生长，因为菌丝会和树木根群共生，所以无法像其他菇类用人工栽培，多产在欧洲，我国的四川、云南一带也有它的踪迹。市面上销售的牛肝菌均为干品，使用前要先清洗表面灰尘后再浸泡，浸泡好的牛肝菌水会呈现咖啡色，适合煎炒或是用烤箱逼出香气，也是炖煮意大利面或炖饭、炖菜时用来提香的材料。

✳ 松露〔全素〕

松露也是菌类的一种，生长于土下约10～40厘米处，香气特殊而浓郁，由于无法以人工栽种，且数量极为稀少，所以鲜品价格昂贵。由于松露单价高且香气会因加热烹调而流失，因此多半削成薄片撒在菜肴上。一般在市面看到的松露产品多为用油浸泡保存的罐装，或是加入松露制成的松露酱，对于制作西式餐点是实惠又不错的选择。可至进口超市购买。

✳ 起司〔奶素〕

市面上销售的各式起司，原材料是鲜奶、羊奶、水牛鲜奶等，在乳品中加入凝乳酵素，让乳品里的酪蛋白质凝结压缩凝固，再依照每种乳品品种作口味变化；又或是依照熟成时间制作成硬质、半硬质或是软质起司，或是再行加工制作披萨用起司丝、起司片等。以味道较清淡的切达起司、马苏里拉、帕玛森、奶油乳酪的接受度最高。

◆ 马苏里拉：

属于软质起司，起司味较淡，具奶香味，遇热会有拉丝效果，即使不太喜欢起司气味的人也可以接受。使用时可切片或块，可用在前菜、沙拉，或是焗烤中。

◆ 奶油乳酪：

质感滑顺细致、味道温和清淡，含水量较低，由鲜奶油和牛奶混合制作而成，经常作为起司主要材料，或是抹酱、涂抹于吐司、面包上。

◆ 整块帕玛森起司：

熟成2年的硬质起司，乳味较重，非常适合意大利面或是炖饭的搭配，使用时会以刨刀刨成丝或碎末，撒在意大利面上或是西式料理中，市面也有销售加工过的帕玛森起司粉，但风味不尽相同。

✳ 牛油果〔全素〕

有森林中的植物奶油之称，含有丰富的不饱和脂肪酸、Omega-3，可减缓发炎反应、滋养皮肤、帮助吸收植物性营养素，是取代动物性脂肪的最佳替代品，而且不含劣质的胆固醇，还有多种营养素。当牛油果从绿皮转为淡咖啡色，表示成熟可以吃了。料理时多生食，去皮取果肉后压烂成泥状，或切碎和其他材料拌匀成沙拉食用。国产的牛油果只适合打果汁，若要做料理还是以进口牛油果为主。

✳ 生菜类 〔全素〕

绿卷须、红卷须、散叶生菜、莴苣、水菜……这些生菜在西方国家均以生食的沙拉出现，而在东方国家也有作为氽烫或是结合水果打成蔬果汁的烹调方法。生食时，要先以流动的水清洗干净，再改用过滤食用水清洗，也可以加入冰块让生菜更加清脆爽口，至于叶片较嫩的生菜不宜浸泡过久，免得冻伤。

✳ 酸模 〔全素〕

绿酸模叶片像是菠菜，红酸模的叶子则是长叶箭形，书中使用的是红酸模。酸模通常生食，带有酸酸的滋味。酸模含有丰富的铁、镁、钾，以及维生素A和维生素C，是近年来被推广的健康食材，可在超市或盆栽店购买，要注意它的保存期限短，最好以保鲜盒冷藏保存。

▲ 冰菜

▲ 生菜类

▲ 酸模

▲ 芽菜

✳ 冰菜 〔全素〕

本生长于南非的海边，是一种耐盐的多肉植物，经过人工在无尘室中培育后可顺利栽种。冰菜中含有植物中非常罕见的肌醇（维生素B_8），有增进毛发生长和促进血液循环的功用，它最有营养的地方就是茎叶上透明水珠状的控盐细胞。吃起来有淡淡的咸味，料理多以凉拌生食为主，也运用在盘饰中，保存不易，最好以保鲜盒保存为佳。

✳ 芽菜 〔全素〕

芽菜是植物的幼苗，但其营养价值甚至比植物更高。多生食，做成沙拉或打成汁也有利于保全营养价值。使用前以食用水略为冲洗即可。

◈ 西蓝花苗：
含有吲哚和青花硫素，而具有显著的抗癌功效，营养是西蓝花的20～50倍。

◈ 紫甘蓝苗：
含有吲哚和花青素，味道清淡，没有草腥味。

✳ 菜花 〔全素〕

紫菜花、黄金菜花、罗马菜花都可以运用在西餐的配菜上，富含维生素C及多种抗氧化营养素，使用前先以清水冲洗，略为浸泡数分钟后再料理。罗马菜花质地偏硬些，烹煮时稍微焖煮一会儿；紫色菜花中的花青素易氧化，所以避免过度烹调否则会变色。

✳ 节瓜、节瓜花 〔全素〕

节瓜又称为夏南瓜，不用去皮可直接使用，生食、炖煮或煎烤，用途广泛，有黄色、绿色两种，是西餐料理中最常见的食材之一，也运用在盘饰上；节瓜花为未成熟的节瓜花朵，可以用在较为高档的西餐盘饰中。

Basic 3 素西餐必备调味料

西餐中的香料、调味料是料理的灵魂，多运用这些调味品，让菜肴发挥最大的美味。

✳ 迷迭香

强烈味道中略带苦味及甘味，常使用于猪肉、羊肉腌制或炖煮，以去除腥味，意大利面或是炖饭中也常添加迷迭香，是意大利和法国料理不可或缺的香料。除了入菜以外，欧洲人也会拿来泡酒和泡茶。使用干燥迷迭香入菜时，一开始先加少许，待起锅时再加入少许，可确保香气不消失。

✳ 百里香

分新鲜和干燥的。味道香浓强烈，多搭配肉类、海鲜，或是制作高汤，甚至也常加入西点中做成饼干或蛋糕食用。

✳ 俄力冈

又称披萨草，是制作披萨酱汁不可缺少的香料，可增加食物的风味，是希腊、意大利、墨西哥菜最常用的香料之一，非常适合和番茄、起司搭配烹调；在墨西哥辣椒酱中广泛运用，和番茄是绝配。

✳ 鼠尾草

分新鲜和干燥的，本书都是用新鲜的。它带有轻微的胡椒味，做菜及酱汁时可拿来当调味料，是西式料理中常用的香料之一。

✳ 月桂叶

带有芳香及些微苦味，又称甜桂叶，清香淡淡的独特风味，叶子质地硬，略带有苦涩味，烹煮后会取出丢弃。最常运用于西式料理的炖煮、熬汤，去腥防腐。市面上以干燥月桂叶为多，若取得新鲜月桂叶，仅需搓揉叶子数下再放入高汤中炖煮，有加分的效果。

✳ 巴西里

又称欧芹、洋香菜，有新鲜和干燥的，味道温和，适合用在各种西式烹调菜肴中，不论沙拉、汤、意大利面、披萨皆很适合，新鲜整株巴西里也可用于摆盘，色泽诱人。

✳ 匈牙利红椒粉

是红甜椒干燥后磨成的粉，又称红甜椒粉。味道香甜而不辣，带有浓郁香气与鲜艳的红色，同时具有观赏及味觉双重效果，可用于调色、装饰或调味。平时要置于冷箱冷藏，以保持香味与漂亮的鲜红色。

✳ 橄榄油

橄榄油是少数油果（子）不需高温焙炒就可以压榨制作的食用油，依制作方法分成三种等级：特级初榨橄榄油、纯橄榄油、精制橄榄粕油。

其中特级初榨橄榄油是第一道压榨提炼出来的，是橄榄油中最高等级，营养也最丰富。它带有特殊香味，可以作为凉拌调味的佐料，避免油煎及油炸等高温烹调方式使用，否则营养素会严重流失，所以本书中凉拌类皆是使用此种油。煎炒则是使用由第二道冷榨的纯橄榄油（正文中简称纯橄榄油）；精制橄榄粕油则用于高温烹调使用。

特级冷榨橄榄油　　　纯橄榄油　　　精制橄榄粕油

✳ 意大利香料

是混合的复方综合香料，包含罗勒叶、迷迭香、百里香等香料，广泛使用在意大利菜、披萨、面条、肉类料理上，无论是腌制、炖煮、制酱都很方便。不同品牌的意大利香料配方略异，有时市面上的意大利香料会添加蒜粉、洋葱粉等五辛，全素要避免食用，使用前必须看清成分标示。

✳ 巴萨米克醋

又称意大利陈年醋，是用精选葡萄酿造出来的红酒醋，经过橡木桶储存陈年浓缩而成，制法耗时费工，风味微酸微甜，带有酒香及水果香，多作沙拉或凉拌之用。

✳ 白酒醋

白葡萄酿造的酒醋，通常加在蔬菜为主的酱汁里，可去除蔬菜的生野味，酿造出来的酸度也让酱汁更有层次感。

✳ Tabasco辣椒水

美式的辣味酱料，也称为墨西哥辣椒水，是由红辣椒、盐、醋调配而成，味道酸酸辣辣，多用于调味。

Basic 4 必学经典酱汁

要学做书中的素西餐，首先要先会做酱汁。
西式料理的酱汁是成为厨师最基本的技术，
要做好西餐，一定要学会这几种酱汁。

沙拉酱

无蛋沙拉

〔种类〕奶素
〔分量〕约350克
〔保存方式〕冷藏3天

〔材料〕

◆ 特级初榨橄榄油2杯 ◆ 盐1/4小匙 ◆ 糖4大匙
◆ 鲜奶1/2杯 ◆ 柠檬汁4大匙

〔做法〕

1 果汁机中倒入橄榄油、盐、糖，搅打至糖完全溶化均匀，即为调味橄榄油。

2 1次取1大匙的调味橄榄油、鲜奶、柠檬汁，搅打均匀至油水结合。

3 再重复做法2的步骤，直至所有材料用完即可。

Cooking Tips：

＊这里的酸味是以柠檬汁为主，甜味则是糖，千万别用沙拉油取代橄榄油，因为特级初榨橄榄油为不饱和脂肪酸，可以降低体内不好的胆固醇。

＊自制的无蛋沙拉，利用分次添加少量橄榄油、鲜奶、柠檬汁的过程，来增加它的浓稠度，而市面上无蛋沙拉因添加了增稠剂，所以看起来较为浓稠。

水果酸奶

〔种类〕奶素
〔分量〕约300克
〔保存方式〕冷藏4天

〔材料〕

◆ 原味酸奶250克

◆ 草莓酱5大匙（做法见32页）

◆ 柠檬汁1小匙

〔做法〕

将原味酸奶加入草莓酱、柠檬汁拌匀即可。

塔塔酱

〔种类〕奶蛋素
〔分量〕约300克
〔保存方式〕冷藏10天

〔材料〕

A　酸黄瓜2根、新鲜巴西里1
　　克、水煮蛋1个
B　蛋黄酱1杯、柠檬汁1/2小匙

〔做法〕

1　酸黄瓜、巴西里切
　　碎；水煮蛋用压泥器
　　压碎备用。

2　将蛋黄酱与酸黄瓜、
　　巴西里及水煮蛋混合
　　搅拌均匀。

3　最后再加入柠檬汁拌
　　匀即可。

蜂蜜芥末酱

〔种类〕奶蛋素
〔分量〕约250克
〔保存方式〕冷藏4天

〔材料〕

◆ 蛋黄酱1杯　◆ 蜂蜜2大匙
◆ 法式芥末酱3大匙

〔做法〕

取一容器，放入蛋黄酱、
蜂蜜、法式芥末酱，混合
搅拌均匀即可。

〔材料〕

A　酸黄瓜3根、新鲜巴西里1克、水煮蛋1个
B　蛋黄酱1杯、番茄酱5大匙、Tabasco辣椒水1/4
　　小匙、素梅林辣酱油1/4小匙、美极鲜味露1/4小
　　匙、柠檬汁1/2小匙

〔做法〕

1　酸黄瓜、巴西里切碎；水煮蛋用压泥器压碎备用。

2　蛋黄酱加入酸黄瓜、巴西里、水煮蛋混合搅拌均
　　匀，再加入其余材料B充分拌匀即可。

千岛酱

〔种类〕奶蛋素
〔分量〕约360克
〔保存方式〕冷藏6天

Cooking Tips：

＊番茄酱和梅林辣酱油也分荤、素，使用前要注意选用的是植
　物五辛素或全素。

油醋酱

巴萨米克油醋酱

〔种类〕全素
〔分量〕约220克
〔保存方式〕冷藏7天

〔材料〕
◆ 特级初榨橄榄油1/2杯
◆ 盐1/4小匙
◆ 糖2大匙
◆ 巴萨米克醋5大匙

〔做法〕

1 橄榄油、盐、糖放入干净的搅拌盆里,用打蛋器搅拌均匀。

2 再慢慢加入巴萨米克醋,并且持续搅拌均匀呈稠状即可。

柠檬油醋汁

〔种类〕全素
〔分量〕约350克
〔保存方式〕冷藏7天

〔材料〕
◆ 特级初榨橄榄油5大匙
◆ 盐1/4小匙
◆ 糖4大匙
◆ 柠檬汁3大匙
◆ 柳橙汁6大匙
◆ 白酒醋6大匙

〔做法〕

1 橄榄油、盐、糖放入干净的搅拌盆里,用打蛋器搅拌均匀。

2 再慢慢分次加入柠檬汁、柳橙汁、白酒醋,充分搅拌均匀即可。

红酒醋汁

〔种类〕奶素
〔分量〕约200克
〔保存方式〕冷藏7天

〔材料〕
◆ 特级初榨橄榄油5大匙
◆ 盐1/4小匙
◆ 糖3大匙
◆ 红酒醋6大匙
◆ 黄甜椒35克
◆ 红甜椒35克
◆ 黑胡椒粒少许

〔做法〕

1 黄、红甜椒去子,切丁备用。

2 橄榄油、盐、糖放入干净的搅拌盆里,用打蛋器搅拌均匀。

3 再加入红酒醋混合拌匀后,加入黄甜椒、红甜椒及黑胡椒粒拌匀即可。

Basic 5 素西餐常用配菜

西餐中常见的配菜，除了可以装点盘面，也能增加主餐外的风味和饱足感，
以下介绍常见的配菜做法。

水煮西蓝花

〔材料〕西蓝花200克

〔调味料〕盐少许

〔做法〕

1 西蓝花分切小朵备用。

2 烧开一锅水，加入少许盐，放入西
   蓝花，用大火煮沸后，转小火煮约
   20秒，熄火，捞出沥干即可。

Cooking Tips：

* 煮蔬菜加盐的目的是，让蔬菜保持翠绿，
  并可增加蔬菜的甜味。

* 煮好的蔬菜没有马上使用，可先泡在冰水
  里，保持蔬菜的翠绿颜色，使用时再加热
  即可。

* 烫蔬菜时，依照食材的硬度来调整烫煮的
  时间。紫菜花和黄金菜花，都跟西蓝花的
  时间一样；罗马菜花是煮30秒；迷你萝卜
  则是煮40秒。

水煮小蘑菇萝卜

〔材料〕胡萝卜100克、白萝卜100克

〔调味料〕盐少许

〔做法〕

1 用挖球器把胡萝卜挖成小球状，再用雕
   刻刀从胡萝卜球中心挖出蘑菇蒂头，接
   着用小刀划一圈使菇蒂出来。

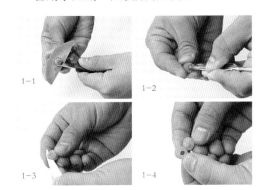

2 白萝卜一样做法。

3 烧开一锅水，加入少许盐，放入所有萝
   卜，用大火煮沸后，转小火煮约20秒，
   熄火，捞出沥干即可。

水煮玉米

〔材料〕玉米200克
〔调味料〕盐少许

〔做法〕

1 玉米分切小段。

2 烧开一锅水，加入少许盐，放入玉米，用大火煮沸后，转小火煮约3分钟，熄火，捞出沥干即可。

水煮橄榄形萝卜

〔材料〕胡萝卜100克、白萝卜100克
〔调味料〕盐少许
〔做法〕

1 将胡萝卜切成6厘米高的段，直立等切成4等份。

2 取1份胡萝卜置于手中，用小刀由上往下削，削成橄榄形。

3 白萝卜一样做法。

4 烧开一锅水，加入少许盐，放入橄榄形萝卜，大火煮沸后，转小火煮约3分钟，熄火，捞出沥干即可。

2-1

2-2

2-3

烤土豆

〔材料〕土豆250克

〔做法〕

1 土豆带皮洗净，包上铝箔纸。

2 放入预热至190℃烤箱，烘烤25分钟至熟透，取出，在表面划上十字刀纹，可再把土豆挤压成花形。

3 可搭配香草奶油酱，并撒上新鲜巴西里碎一起食用。

Cooking Tips
＊土豆可以挑选形体比较小的，容易烤熟，也容易食用。

土豆泥

〔材料〕土豆250克

〔调味料〕盐1/6小匙
　　　　　糖1/4小匙
　　　　　鲜奶油1大匙

〔做法〕

1　土豆去皮后，切成片状。

2　放入蒸笼，用大火蒸20分钟，取出，趁热捣成泥状，加入调味料拌匀即可。或放入挤花袋挤出造型，或是用汤匙挖出形状也可。

Cooking Tips：

＊可加入少许豆蔻粉，有加分效果。

＊甘薯泥、芋头泥都可使用这种做法。

炸薯片

〔材料〕土豆250克

〔调味料〕盐少许

〔做法〕

1　土豆去皮，切薄片后，用冷水将土豆上的淀粉质冲洗掉，再用纸巾擦干。

2　准备炸油，烧热至180℃，放入薯片，用中小火炸至金黄色，捞出沥干油，均匀地撒上盐调味即可。

炸薯条

〔材料〕土豆250克

〔调味料〕盐少许

〔做法〕

1　土豆去皮，切长条状，用冷水将土豆上的淀粉质冲洗掉，再用纸巾擦干。

2　准备炸油，烧热至180℃，放入薯条，用中小火炸至金黄色，捞出沥干油，均匀地撒上盐调味即可。

Basic 6 熬煮基础高汤

亲手熬高汤是开始做蔬食的第一步，拥有一锅好汤，绝对能助您做出不同于以往的素食风味。放在冰箱保存，随时取用，就是这么简单好用。

蔬菜高汤

〔种类〕全素
〔分量〕6200克
〔保存方式〕冷藏4天

〔材料〕

- 圆白菜1个 ◆ 西芹50克
- 胡萝卜50克 ◆ 月桂叶5片 ◆ 水6升

〔做法〕

1 圆白菜整个洗净，切半。

2 胡萝卜带皮洗净，切成3等份。

3 所有材料放入汤锅中，用中火煮沸，转小火煮1小时，过滤即可。

Cooking Tips:

* 平时可收集削下的萝卜皮、圆白菜梗、花菜梗等蔬菜，一起搭配熬煮。

* 胡萝卜的分量不宜过多，以免味道过重；另外，若要加芹菜叶，必须等高汤熄火才可加入，避免汤变混浊。

海带高汤

〔种类〕全素
〔分量〕6500克
〔保存方式〕冷藏4天

〔材料〕

- 海带150克 ◆ 白萝卜350克
- 黄豆芽150克 ◆ 水6升

〔做法〕

1 海带用厨房纸巾擦去表面灰尘。

2 白萝卜带皮洗净，切6厘米高圆柱。

3 所有材料放入汤锅中，用中火煮沸，再转小火熬煮1小时，过滤即可。

Cooking Tips:

* 熬煮时，水分会蒸发掉，必须随时注意添加热水，以补足水分。

* 可用高压锅来缩短熬煮时间，所有材料放入高压锅后，熬煮20分钟，熄火，待压力阀下降即可。

* 过滤后的萝卜、海带可以当小菜食用。

Basic 7 素西餐的美味技巧

西餐和中式料理方法类似，但也有不同的地方，像是西餐多使用平底锅，油炸食物时也会一次炸好，不经过二次油炸……此处为大家统一整理好，让您烹调时能马上掌握重点。

※ 煮汤的技巧

西式汤品主要分为清汤和浓汤，清汤是采用食材和水炖煮出的；浓汤则是添加了乳制品、奶油或淀粉的浓稠汤品。西餐中的汤品千变万化，不但食材选择多，最后还能撒上装饰材料及香料增添风味。

◆ 清汤：

和高汤类似，但更有风味，在西餐中即是一道菜肴。

❶ 炖煮时，要在冷水时放入原料，才能吸收食材的风味。

❷ 炖煮时大火煮沸后转小火炖煮，让食物慢慢熟透，水分不会快速蒸发。且不要盖上盖子，以免汤汁混浊。

❸ 炖煮时间为30～60分钟，中途要捞除表面浮沫，且随时补充水分。

❹ 香料最后再加入，风味才不会流失。

◆ 浓汤：

大致可分为泥汤和奶油汤，泥汤是利用食材中含有的淀粉质（如土豆或南瓜）搅打后制成；奶油汤则是加入鲜奶、鲜奶油，使汤品变浓稠。

❶ 主材料若为根茎类需先炒软，叶菜类则需余烫或炒软，再放入汤中。

❷ 制作泥汤时，所有材料都先炖煮至软烂，再一起打成泥状。

❸ 奶油汤煮好后通常会先过滤，再加入面糊，口感才会滑顺。

❹ 制作奶油汤时，为避免结块，鲜奶或鲜奶油最后再加。

❺ 起锅前，可另外准备一些高汤、水或鲜奶调整浓度。

【提味高汤】

西餐的荤食会区分鱼高汤、鸡高汤、牛高汤等，素食者其实仅需蔬菜高汤即可，可以利用刨下的胡萝卜皮或白萝卜皮、花菜梗、圆白菜根、玉米梗等，均可作为高汤的最佳食材，不但环保又避免浪费。素食并没有所谓的鱼高汤，可以运用海带来作为提鲜的媒介。

✳ 制作沙拉的技巧

沙拉是西餐中特有的餐点，最常见的是以新鲜蔬菜佐以酱汁调味，例如凯萨沙拉，这样最能发挥蔬菜的营养价值；也有的沙拉是把根茎类蔬菜煮熟后再加以调味食用，具有饱食感。

❶ 蔬菜不要切得太小、太细，以刚好一口吃进的大小为准，否则容易沾附过多酱汁；叶菜类用手撕成小片，避免使用刀切流失营养。

❷ 叶菜类可放入冰水中冰镇数分钟再取出，可增加爽脆口感，也能二次清洁。

❸ 蔬菜上的水分以沥水机去除，或以纸巾擦干。

❹ 食用前再淋上或拌入酱汁，可保持口感，蔬菜也不易出水。

✳ 煮、炒意大利面的技巧

✦ 煮面：
水沸后加盐，比例是水、面条、盐的比例为10∶1∶0.1，面条煮的时间可按照包装袋上指示时间，但要提早确认面条是否熟，判断方法为指甲可以轻松切断，中心尚留如针尖般的白点即可。

✦ 拌炒面：
在煮面时，另一边的炉子正好可以拿来炒熟其他食材，待做好时，加入煮好的意大利面，再加入煮面水或是高汤让油乳化，避免食材烧焦，也帮助意大利面吸附酱汁，全程使用中火。

✳ 煮的技巧

✦ 氽烫：
利用大火或中火将水煮沸后放入食材烫熟或杀青去涩味，时间短，所以水要保持沸沸状态。

✦ 水波煮：
让锅里的水保持像水波一样细细流动的状态，只开小火，让温度保持在70～80℃，利用焖熟的方式保留食材的原味，水波蛋就是这样制作的。

✦ 慢煮：
意大利的炖饭即是利用慢煮的方式，逐次倒入热高汤，让米粒充分吸饱汤汁，用小火慢煮，不时要翻搅锅底以免粘锅。

✳ 蒸的技巧

做法和中式料理相近，须等蒸锅的水沸后再开始计算蒸的时间，火候都事先用大火煮沸，之后则要依照食材，决定用大火或是中火来保持水中的蒸汽。而书中根茎类食材，蒸是为了压成泥，都是用中火维持蒸汽即可。

＊ 煎的技巧

西餐中最常使用的烹饪技法，由于蛋、豆腐的蛋白质以及根茎类食材在煎制时容易释出淀粉而粘锅，可以用不粘锅。

◆ **腌渍入味：**
煎的时间较短，为了能让食材充分吸收味道，可以先对食材调味、腌渍放置。

◆ **热锅热油：**
先空锅烧热、放油，等油也热了才开始放食材，要注意此做法限用不锈钢厚平底煎锅。若不小心粘锅，先关火降温，再用平铲慢慢铲起即可。若使用不粘锅，则不需要热锅热油。

◆ **煎的火候：**
煎的方式多是利用热度和油使食材因焦化带有香脆的口感，大火或中火快煎能保留食材内部水分，若煎的时间较久，则再转为中小火或小火慢煎。

◆ **煎至定形再翻面：**
煎至一面的食材变色后再翻面，判断方法为贴锅底的垂直面的边出现金黄色，或锅出现烟，闻到香味时，就可以翻面，不要一直翻来翻去，这个动作会使锅中温度下降，食材水分流失，容易烧焦。

＊ 烤的技巧

烤也是西餐常见的烹调方法，本书使用的烤箱不需太大、太专业的焙烘烤箱，只需具备温度可达230℃，可放入容量约0.5升烤皿的条件即可。

◆ **预热：**
烤之前一定要预热，以维持烤箱内的温度。将上下火调整至所需烘烤温度，通常当红灯熄灭时就表示已达到预热温度，若无指示灯，烤箱到达工作温度标准不一，通常设定6分钟。

◆ **修正温度方法：**
各个品牌的烤箱效果不一，假如按照食谱时间却未达金黄色泽或熟透时，需要再入烤箱烘烤，此时以2分钟为单位，每加烤2分钟取出检查直至达到标准。

＊ 炸的技巧

运用单柄炸煮锅来做西餐料理是最方便的选择，既省油也不需担心油会溅出。

◆ **一次炸熟：**
一次只炸1次食用的分量，容易炸熟，也不需采中式料理回锅二次油炸，因此食材不要切太大或太厚，以中火油炸，一次炸至呈现金黄色为佳。

◆ **温度不宜高：**
油炸蔬食类温度控制在180～190℃，测试油温可利用木筷插入油锅中，当筷子周围冒出一点小油泡是140℃，再多一点是160℃，如果有很多小油泡快速往上冒时大约是180℃。

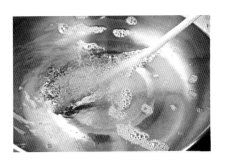

Basic 8 好用器具&烹调帮手

运用适当的器具可以缩短烹调时间，让做菜变容易，提高成功率。
现在就让我们来检视一下厨房，究竟有没有选对帮手呢?

✳平底锅

做西餐一定要带把平底锅，这是因为西餐多是煎制后，放入烤箱烤熟，所以锅几乎都是平底，和中式炒锅圆弧底大不相同。一般平底锅可分为不粘锅或不锈钢锅、铁锅，一般家庭若要选择方便操作的，当然以不粘锅为第一优先，不必担心粘黏，清洗时只要加入清洁剂用海绵清洗即可。

✳单柄炸煮锅

油炸少量食物时，可以用单柄不锈钢的炸煮锅，油炸之外，也可用来煮、汆烫，因为是不锈钢材质，导热也较快，锅厚度又厚，且锅底面积不会太大，相对的也不会浪费太多的油，是省钱省时的好帮手。

✳高压锅

高压锅为厨房必备锅具之一，适合用来烹调久煮不易熟的食材，例如，莲藕、花生，还可以煮汤、煮饭、炖煮高汤。可依需要选购适合容量，一般来说，3.5升适合1~2人份；8升的大容量则适合一家四口的用餐量。

✳ 压泥器

可以将煮软的根茎类，用压泥器迅速压成泥状，像是西餐常见的土豆泥、芋头泥；甚至煮好的水煮蛋，也可以压成泥，制作成土豆蛋沙拉或是塔塔酱。

✳ 搅丝器

利用刀片旋转后切丝，刀片可以更换成大、中、小片来调整丝的粗细；若选择无刀片时，刨下来会变成片状螺旋形。

✳ 切条器

可以将土豆压切成薯条，也能放入胡萝卜、小黄瓜等蔬菜，轻松压切成蔬菜条、甘薯条等，方便省时。

✳ 切碎机

是一种切菜器，利用绳子打动刀片旋转，将食物做简单的切碎和混匀的功能。可以切末、切碎，或是制作酱料时打匀。

✳ 调理棒

西餐常见的浓汤、酱汁均须捣成泥，这时可以使用不锈钢材质的调理棒，既可以耐高温，又能轻松发挥搅拌的功能，可以将食材快速搅打成粉状、碎末或泥状，像是直接放入锅中将煮好的土豆搅成泥状，或把南瓜拌成浓汤，省去许多力气和时间。使用时要注意，必须把材料放入较深的容器中，避免搅拌时内容物飞溅。

✳ 搅拌杯&搅拌棒

和电动打蛋器的原理类似，将要处理的食材放入搅拌杯中，再放入搅拌棒，上下压放即可，不论是搅拌、打发都能办到，是体积小又方便省力的厨房工具。

✳ 画盘笔

可用在西式料理或甜点盘饰使用，用法为沾一些酱汁、或巴萨米克醋膏，直接在装饰物上画出图案。每盒有2枝，各有不同尺寸。

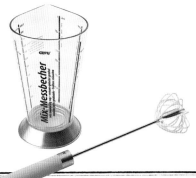

Part Two
活·力·早·餐

水波蛋生菜松饼、菠萝起司番茄贝果、蜜糖吐司……
素食的世界原来一点都不单调，
看着盘中的活力早餐，
最新鲜、充满朝气的颜色统统都是蔬食给予的能量，
一天的开始，也都明亮、开阔了起来。

健康从营养丰富的早餐开始

早餐是一天活力开始的重要泉源，只要懂得搭配，
即使是素食料理，也能吃得营养完整而丰富，开启美好的一天。

每天吃早餐的6大好处

早餐吃得丰盛一点，对身体非常好。现在就立刻养成每天吃早餐的良好习惯，享受"一日之计在于晨"所带来的好处。

好处 1 使人精力充沛

早餐的组合中，必须要有足够的热量、蛋白质、纤维素，加上一点点脂肪，才能精力充沛迎接每一天。除了糖类（碳水化合物）外，蛋白质也是重要的热量来源，可从全麦面包或吐司、鸡蛋和鲜奶中补充。

另外，早餐吃油一点，选择比较健康的特级初榨橄榄油、苦茶油、椰子油、亚麻子油，或补充少量的坚果类食物，不仅在午饭前不容易感到饥肠辘辘，还能帮助提振元气。

好处 2 提高学习和工作效率

葡萄糖是大脑运作所需要的能量来源。一大早起床后享用早餐，可让大脑获得能量，提高学习能力与工作效率；反之，如果大脑中的葡萄糖浓度不足，会让人精神恍惚，集中力、思考力及记忆力大大降低。

好处 3 稳定心神情绪

早上起床时，血糖值偏低，如果又空腹去上学或上班，容易感到疲劳，而且焦躁不安。吃含有麦片、黄豆及坚果的优质早餐后，大脑会分泌血清素（一种脑部神经传导物质），可提振精神、稳定情绪，使人产生幸福及愉悦感。

好处 4 控制体重

有些人为了减肥，刻意不吃早餐，让身体长时间处于低血糖的状态，结果午餐和晚餐却暴饮暴食，反而容易发胖。其实，早餐摄取的热量，大多会在白天活动时消耗掉，很少会转换成体脂肪，而且吃早餐还能促进体内新陈代谢，增加热量的消耗量，更有利于体重控制。

好处 5 远离慢性疾病

每天定时吃早餐，摄取足够的纤维，有助于刺激肠道蠕动，进而改善便秘情形。便秘通常是因为大肠里缺少水分，或肠道蠕动异常减慢所造成，但如果能养成定时排便的习惯，可将累积在肠道里的致癌物质排出体外，远离慢性威胁。

好处 6 降低心脏病风险

美国哈佛大学公共卫生学院的研究指出，经常忽略早餐的男性，发生心脏病或罹患心血管疾病的机率，会比一早起来就有固定吃早餐习惯的人高出27％。可见不良的饮食习惯会增加心脏病的风险，若要避免心脏病找上门的话，记得一定要吃早餐。

素早餐吃得好，3大营养素不可少

早餐的营养是一天活力的主要来源，也是保持青春美丽的秘诀。而一份营养完整而丰富的素早餐组合，必须包含3大营养素：糖类（碳水化合物）、蛋白质及纤维素，才能让身体有足够的能量来运作。

必吃营养 1 谷根茎类不能免

最容易摄取到糖类的食物来源，就是全谷根茎类。糖类占一餐总热量的理想比例，是50%～60%。

全谷类包含糙米、胚芽米、紫米、全麦、玉米、全荞麦或杂粮等及其制品；根茎类则是甘薯、土豆、芋头、南瓜、山药、莲藕等。另外，豆类及果实包括：红豆、绿豆、花豆、皇帝豆、栗子、莲子、菱角等，淀粉含量也相当丰富。

未精制的全谷根茎类，除了提供热量外，更富含B族维生素、维生素E、矿物质及纤维素。精制过的谷类和加工制品，大多添加糖分和油脂，不仅无法摄取到未精制全谷的营养成分，还容易吃进过多的热量，久而久之，容易造成肥胖与各种慢性疾病。因此，建议以全谷杂粮饭或全麦面包，代替精制糖类如白米饭或白面包；早餐也应尽量以全谷为主食，或至少应有1/3是来自未精制的全谷杂粮食物。

必吃营养 2 豆蛋奶类是优质蛋白质

奶类、蛋豆鱼肉类是蛋白质的主要来源。由于植物性蛋白质被公认是优质的蛋白质，并建议选择低脂乳品，以免摄取过多脂肪。

黄豆及其加工制品如豆腐，含有丰富的大豆蛋白质、碳水化合物、油脂、矿物质、维生素，营养成分并不输肉类，加上又不含胆固醇，因而享有"田里的牛肉"之美誉，广受素食者热爱。

必吃营养 3 高纤蔬果维持肠道健康

蔬菜和水果能提供大量的维生素、矿物质及纤维素；其中，纤维素能增加饱足感、帮助排除体内废物，维持肠道健康。

很多人膳食纤维摄取不足，平均每天的膳食纤维摄取量只有15～20克，还不到建议量（25～30克）的2/3，尤其是三餐老是在外的上班族，膳食纤维摄取量更是明显不足。因此，每天的早餐最好多吃五谷杂粮类及蔬菜，或是在办公室准备苹果、小番茄、葡萄等水果，适时补充正餐中无法摄取到的纤维素。

营养丰盛完整的西式素早餐组合

西式素早餐组合，并非只有三明治和汉堡，只要用不同食材互相搭配，也能吃得营养又健康。例如菠萝起司番茄贝果，在烤好的贝果中放入番茄、苹果、起司片及各色生菜，再搭配一杯低脂鲜奶，就是一道营养丰富且完整的素早餐组合。

＊变化食材与料理手法

传统的西式早餐，较偏重蛋白质与淀粉，缺少膳食纤维。若要补充纤维素，可将白吐司换成全麦或杂粮面包，营养价值更高。另外，偶尔也可以尝试米兰蔬菜薏米汤、薄饼，甚至是墨西哥卷饼，让早餐的选择变得更丰富多样。

近年来，贝果、法国面包及口袋面包，逐渐成为年轻时尚的新宠儿。在法国面包上涂抹一层香草奶油酱，撒上起司粉，烤到金黄色后，再放上小番茄、生菜，做成香草奶油法国面包，然后搭配口感滑顺的南瓜浓汤，让人彷佛置身在巴黎街头中，洋溢着幸福感。

除了变化食材外，选择以清拌、炭烤和少油的方式料理，不但可以减少身体负担，也让胃肠较容易吸收营养素，让吃早餐成为一天活力的开始。

＊五色蔬果均衡摄取

五颜六色的新鲜蔬果，不仅令人垂涎三尺，对身体更是有莫大的好处。传统中医提倡"五色蔬果"养生概念，主张在三餐中尽量食用红、黄、白、绿、黑等五色食物；现代营养学推行"彩虹食物"，建议每天最好摄取红橙黄绿蓝靛紫的蔬果，才能营养均衡，两者有异曲同工之妙。

从颜色来着手，可以让早餐准备起来更简单轻松，只要有红（番茄、苹果、胡萝卜）、黄（黄豆、甘薯、南瓜、起司片）、绿（深绿色蔬菜）、白（土豆、吐司、饭面粥）、黑（黑芝麻、香菇）等五色，就能吃得营养均衡。像是使用全麦吐司、香蕉、苹果、球形生菜，做成的水果酸奶三明治；或用土豆、小番茄、各色生菜混合而成的土豆沙拉，都让人开心享受西式素早餐的好滋味。

＊抓住家人不同的胃

想要满足家人不同的味蕾，妈妈就得绞尽脑汁，设计各种早餐菜色。若是有年纪较大的长辈，可能吃不习惯三明治或汉堡，建议可以准备菜花玉米粥，口感软烂，较易消化吸收。有些小孩子爱吃薯条及甜食，不妨选择总汇三明治佐薯条或蜜糖吐司，一样能够兼顾美味与健康。孕妇最需要优质的蛋白质，像是蘑菇恩利蛋、水波蛋生菜松饼，都是营养丰富又令人赏心悦目的早餐。

自己做抹酱

香草奶油酱

〔种类〕奶素
〔分量〕350克
〔保存方式〕冷藏7天

〔材料〕
有盐奶油350克

〔调味料〕
• 匈牙利红椒粉少许
• 干燥巴西里碎1大匙
• 干燥迷迭香1大匙
• 帕玛森起司粉2大匙

〔做法〕
1 有盐奶油放置室温回温待软化。

2 加入所有调味料拌匀即可。做好的香草奶油酱，可用铝箔纸包卷成圆筒状保存。

菠萝起司酱

〔种类〕奶素
〔分量〕700克
〔保存方式〕冷藏15天

〔材料〕
• 新鲜菠萝250克
• 奶油乳酪600克

〔调味料〕
• 麦芽糖100克
• 冰糖50克
• 蜂蜜5大匙

〔做法〕
1 菠萝切成丝状备用。

2 取一锅，加入菠萝，用中火熬煮5分钟后，加入麦芽糖、冰糖，转小火煮40分钟，待汤汁略收干变稠，熄火，待凉。

3 加入奶油乳酪、蜂蜜拌匀即可。做好的菠萝起司酱，可用铝箔纸包卷成圆筒状保存。

Cooking Tips：
用高压锅烹煮20分钟即可。

草莓酱

〔种类〕全素
〔分量〕350克
〔保存方式〕冷藏7天

〔材料〕
• 草莓600克

〔调味料〕
• 郎姆酒2大匙
• 冰糖200克

〔做法〕
1 草莓洗净，去除蒂后擦干。

2 取一锅，加入草莓、郎姆酒及冰糖，小火熬煮至酒精挥发，煮沸后续煮20分钟，待汤汁浓稠，熄火，待凉后装瓶冷藏。

Cooking Tips：
熬煮时要不断地搅拌，以免烧焦；过程中看到浮沫，也要捞除。

坚果抹酱

〔种类〕奶素
〔分量〕400克
〔保存方式〕冷藏7天

〔材料〕
- 腰果50克
- 夏威夷果50克
- 杏仁粒50克
- 奶油乳酪250克

〔调味料〕
- 蜂蜜4大匙

〔做法〕
1 分别将腰果、夏威夷果、杏仁粒放入预热至170℃的烤箱，烤约5分钟，至外观呈金黄色后，取出。
2 将放凉的坚果全部切碎，加入奶油乳酪、蜂蜜拌匀即可。

Cooking Tips：
做好的腰果抹酱，也可用铝箔纸包卷成圆筒状，或装瓶保存。

牛油果抹酱

〔种类〕全素
〔分量〕270克
〔保存方式〕冷藏7天

〔材料〕
- 牛油果250克
- 辣椒2个
- 新鲜巴西里碎1大匙

〔调味料〕
- 特级初榨橄榄油4大匙
- 白酒醋2大匙
- 盐1/4小匙
- 糖1大匙

〔做法〕
1 牛油果去皮后，切成小丁状；辣椒切半，去子后再切碎。
2 取一容器，放入所有材料及调味料拌匀即可。

油醋汁

〔种类〕全素
〔分量〕150克
〔保存方式〕冷藏15天

〔材料〕
- 特级初榨橄榄油6大匙
- 巴萨米克醋4大匙

〔调味料〕
- 糖2大匙
- 盐1小匙

〔做法〕
1 橄榄油4大匙加入糖、盐拌匀，再加入2大匙巴萨米克醋拌匀即可。
2 准备三格调味盘，将2大匙橄榄油、2大匙巴萨米克醋及拌好的油醋汁分别盛入盘中即可。

Cooking Tips：
橄榄油要先和糖、盐拌匀，再拌入醋，才能拌得均匀。

土豆温沙拉

〔种类〕全素 | 〔分量〕1人份

〔材料〕
• 土豆150克
• 各色生菜80克
• 小番茄50克

〔调味料〕
A 胡椒盐1/2小匙
中筋面粉50克
B 法式芥末酱1大匙
柠檬油醋汁5大匙
（做法见18页）

〔做法〕

1 土豆带皮洗净后，切成1.5厘米见方的丁状，加入1大匙水、胡椒盐、中筋面粉拌匀。

2 准备炸油，烧热至180℃，放入土豆，用中小火炸熟，捞起沥干油。

3 将炸好的土豆加入法式芥末酱、柠檬油醋汁拌匀，放入盘中。

4 小番茄汆烫，捞起，剥除表皮后，放入盘中，搭配各色生菜即可。

调味料介绍

法国勃根地（Burgundy）、狄戎（Dijon）地区所产的著名芥末酱，其味道香浓、酸中微带稍许呛辣味，极适合搭配汉堡、三明治食用，也可用于西餐中各式酱汁的调味，作为沙拉淋酱。

菠萝起司番茄贝果

〔种类〕奶素 | 〔分量〕1人份

〔材料〕

• 贝果1个 • 苹果40克 • 各色生菜35克 • 番茄30克 • 起司片2片

〔调味料〕

• 菠萝起司酱2大匙（做法见32页）

〔做法〕

1　贝果横切半后，放入预热至170℃的烤箱，烤至金黄即可。

2　番茄、苹果切圆片；起司切4等份备用。

烤好的贝果内面涂抹上菠萝起
司酱，再依序叠上一半
生菜、起司片、番
茄、苹果、另一半
生菜，叠起即可。

香草奶油法国面包佐南瓜浓汤

〔种类〕奶素 | 〔分量〕1人份

〔材料〕

A 法国面包1/2个、小番茄2个
生菜20克

B 南瓜250克、土豆50克
圆白菜50克

〔调味料〕

A 香草奶油酱3大匙（做法见32页）
帕玛森起司粉2大匙

B 鲜奶1/4杯、盐1/4小匙、鲜奶油2大匙

〔做法〕

1 法国面包切成1厘米厚斜
片状，每片涂抹上香草奶
油酱后，撒上起司粉。

2 放入预热至190℃烤箱，
烤至金黄色。

3 小番茄汆烫，捞起，剥除
表皮后，与生菜、烤好的
法国面包一起放入盘中。

4 南瓜去皮、子后，切成薄
片状；土豆去皮，与圆白
菜分别切成小丁状。

5 锅中加入1大匙纯橄榄
油，放入土豆、南瓜，用
中火炒香后，加入圆白菜
拌炒均匀，再倒入1杯水
熬煮，待土豆熟透后，用
调理棒打成泥状。

6 做法5的土豆泥用中小火
煮沸后，加入鲜奶及盐调
味，起锅时，加入鲜奶油
即可。

总汇三明治佐薯条

〔种类〕奶蛋素 | 〔分量〕1人份

〔材料〕

A 吐司3片、球形生菜50克、番茄30克
素火腿25克、马苏里拉起司25克

B 薯条150克（做法见21页）

〔调味料〕

• 蛋黄酱20克

• 番茄酱20克

〔做法〕

1 番茄、素火腿、马苏里拉起司切片备用。

2 每片吐司抹上蛋黄酱后，依序一片吐司、起司、球形生菜、再一片吐司、素火腿、番茄，最后盖上吐司。

3 做好的三明治，切除四边吐司边后，切成4等份，排入盘中，搭配薯条、番茄酱即可。

蘑菇恩利蛋

〔种类〕奶蛋素 | 〔分量〕1人份

〔材料〕
- 鸡蛋3个
- 蘑菇50克
- 番茄1个
- 生菜20克

〔调味料〕
A 鲜奶油3大匙
   盐少许
   白胡椒粉少许
B 盐1/6小匙
   黑胡椒粒少许

〔装饰〕
新鲜迷迭香2支

〔做法〕

1 蘑菇切片备用。

2 番茄用沸水烫30秒取出，剥除表皮，再切成2厘米见方的丁。

3 鸡蛋加入鲜奶油、盐、白胡椒粉充分搅拌均匀，再以滤网过滤。

4 锅中加入2大匙纯橄榄油，滑动锅，让油布满锅面，倒入蛋液，用小火煎至半凝固稠状，将蛋用铲子翻折一半，再翻折一半成橄榄月亮形，起锅，放入盘中。

5 煎蛋锅中放入蘑菇，用中小火拌炒至香味出来后，加入调味料B调味，炒至熟透，盛入盘中。

6 再用原锅加入1大匙纯橄榄油，放入番茄拌炒至略微出水即可，起锅盛入盘中。

7 搭配生菜，用迷迭香装饰。

Cooking Tips：

蛋液过滤的目的，是让蛋液混合更均匀，
并去除筋，可使蛋的口感更滑嫩。

鸡蛋中加入鲜奶油，
可使蛋汁更容易呈现半熟状态，
而且煎好的蛋会更松软。

千叶豆腐鲜蔬汉堡

〔种类〕奶素 | 〔分量〕1人份

〔材料〕
- 汉堡面包1个
- 千叶豆腐1片
- 番茄30克
- 起司片1片
- 球形生菜30克
- 生菜叶25克

〔调味料〕
- 蜂蜜芥末酱1大匙
  （做法见17页）
- 番茄酱1小匙

〔做法〕

1 番茄切圆片备用。

2 取不粘锅，加入1/2大匙纯橄榄油，放入千叶豆腐，用中小火煎至两面金黄备用。

〔材料〕
- 全麦吐司3片
- 香蕉1根
- 苹果40克
- 球形生菜30克

〔调味料〕
- 草莓酱2大匙
  （做法见32页）
- 原味酸奶6大匙

3 汉堡面包放入预热
 至180℃烤箱，略
 烤至软即可。

4 烤软的面包抹上蜂
 蜜芥末酱，再依序
 放入一半生菜叶、
 番茄片、千叶豆
 腐、起司片、番茄
 酱、球形生菜、另
 一半生菜叶，叠起
 即可。

水果酸奶三明治

〔种类〕奶蛋素 〔分量〕1人份

〔做法〕

1 香蕉、苹果去皮后，切成3厘米厚片状。

2 草莓酱加入原味酸奶拌匀，即为草莓酸奶。

3 每片全麦吐司抹上草莓酸奶后，取一片吐司，铺上球形生菜，再摆上一片
 吐司，铺上香蕉、苹果后，盖上最后一片吐司即可。

4 做好的三明治，切除四边吐司边后，对半切开，排入盘中即可。

迷迭香蘑菇墨西哥卷饼

〔种类〕奶素 | 〔分量〕2人份

〔材料〕

- 墨西哥饼皮2张
- 杏鲍菇150克
- 黄甜椒25克
- 红甜椒25克
- 起司丝30克

〔调味料〕

- 干燥迷迭香1小匙
- 黑胡椒粒1/4小匙
- 盐少许
- 巴萨米克油醋酱2大匙
  （做法见18页）

〔装饰〕

用巴萨米克醋膏在盘上画
装饰线条后，撒上石竹
（一种花），再摆放散叶
生菜、火焰生菜（红色生
菜）、新鲜迷迭香。

〔做法〕

1. 杏鲍菇切半后，表面划上十字网格刀纹；黄甜椒、红甜椒去子，切条备用。

2. 锅中加入2大匙纯橄榄油，放入杏鲍菇，用中小火煎至两面金黄，取出备用。

3. 煎杏鲍菇的锅，放入黄甜椒、红甜椒拌炒均匀，再加入迷迭香、黑胡椒粒、盐调味后，放回杏鲍菇炒匀，并加入巴萨米克油醋酱调味即可。

4. 墨西哥饼皮，每张放入黄、红甜椒及杏鲍菇、起司丝包卷起来，再用平底锅把表面略微干煎一下，取出，切段排盘。

Cooking Tips：

杏鲍菇在煎之前
保持干燥，煎的过程中会
释放水分，让煎出来的
杏鲍菇更加鲜嫩多汁。

鼠尾草黄瓜薄饼

〔种类〕奶蛋素 | 〔分量〕2人份

〔材料〕

A 低筋面粉40克

　 鸡蛋1个

B 小黄瓜100克

　 蟹味菇35克

　 黄甜椒25克

　 红甜椒25克、辣椒5克

〔调味料〕

A 糖1小匙、鲜奶100克

　 奶油1小匙、柠檬汁少许

　 盐少许

B 盐1/5小匙

　 黑胡椒粒1/5小匙

　 新鲜鼠尾草1克

〔装饰〕

新鲜鼠尾草1支

〔做法〕

1 低筋面粉过筛后，加入糖、鲜奶、鸡蛋、奶油拌匀，再加入柠檬汁及盐调匀备用。

2 取一平底锅，锅面均匀抹上少许油，倒入1大匙面糊，用中小火煎至两面金黄熟透即可，共可煎3张薄饼。

3 黄甜椒、红甜椒去子，与小黄瓜分别切成7毫米见方的丁；蟹味菇分撕成小朵；辣椒去子，切碎备用。

4 锅中加入1大匙纯橄榄油，放入蟹味菇，用中火炒香后，加入小黄瓜、红黄甜椒拌炒均匀，最后加入调味料B、辣椒调味，即为馅料。

5 薄饼放入盘中，再放上馅料搭配食用。

坚果乳酪潜艇堡

〔种类〕奶蛋素 | 〔分量〕1人份

〔材料〕
- 沙拉面包1个
- 南瓜150克
- 蜜汁腰果30克
- 绿卷生菜30克
- 奶油乳酪25克
- 新鲜蓝莓25克

〔调味料〕
- 马斯卡邦起司1大匙
- 蜂蜜1大匙

〔装饰〕
石竹、酸模、西蓝花苗各少许

〔做法〕

1 取一容器，放入马斯卡邦起司、蜂蜜拌匀。

2 南瓜切成1厘米见方的块状，蒸熟待凉；奶油乳酪切成5毫米见方的丁备用。

3 将南瓜加入蜜汁腰果、奶油乳酪、蓝莓及做法1一半的蜂蜜马斯卡邦起司，拌匀，即为馅料。

4 将沙拉面包中间涂上另一半的蜂蜜马斯卡邦起司，填入拌好的馅料及绿卷生菜即可。

破除对素食的误解之 ❶

〔迷思〕
吃素比较容易肚子饿？

许多人认为吃蔬菜虽能增加饱足感，但也很容易肚子饿，这是因为肉类滞留在肠胃道的时间较久，加上有些人只吃烫青菜，缺少脂肪，所以肠胃排空较快而易有饥饿感。建议多选择全谷类、豆类、坚果类，含有充足的蛋白质、纤维素及适量油脂，可延长消化时间，并增加饱足感。

〔迷思〕
怀孕时吃素，胎儿会无法吸收到足够的营养？

在怀孕期间，女性需要比平时摄取更多的蛋白质、维生素B_{12}、钙及铁，尤其是第二孕期为胎儿器官发育成长的重要阶段，准妈妈要补充更多钙与蛋白质，才能提供足够的营养给胎儿。

为摄取足量的蛋白质、钙和维生素B_{12}，建议孕妇以蛋奶素为宜，每天吃一个蛋及喝2～3杯鲜奶即可。若是吃纯素，应咨询医师和营养师意见，考虑服用维生素B_{12}补充剂或综合维生素。

〔迷思〕
吃素比吃荤更容易营养不良？

很多人相信不吃肉就没力气、营养不足，所以吃素比吃荤更容易营养不良。这是因为有些全素者不吃蛋奶类制品，加上很少吃豆类及其加工制品，例如豆腐、豆干、千叶豆腐等，以至于身体缺乏必需的氨基酸，又觉得不够饱，无形中就会摄取较多的白饭、面条或甘薯等淀粉类食物。长期下来，不但整体热量累积过多，更使得蛋白质、淀粉、脂肪的比例失衡，结果产生肥胖、营养不良等问题。

基本上，不论荤素，每天的饮食都应该要包含6大类食物：全谷根茎类1.5～4碗、豆鱼肉蛋（素食者可换成植物蛋白）类3～8份、低脂乳品类1.5～2杯、蔬菜类3～5碟、水果类2～4份、油脂3～7茶匙及坚果种子类1份。即使是吃素，也要讲究营养均衡多元，淀粉、蛋白质、脂肪、纤维素、维生素及矿物质一样都不能少。

芦笋口袋面包

〔种类〕奶素 | 〔分量〕2人份

〔材料〕

A 高筋面粉100克

B 细芦笋130克
  各色生菜120克

〔调味料〕

A 奶粉1/4小匙
  奶油1大匙
  水50毫升
  干酵母粉1克
  糖1/4小匙

B 坚果抹酱50克
  （做法见33页）

〔做法〕

1 高筋面粉中加入调味料A，拌匀成团，覆盖上保鲜膜，静置发酵25分钟。

1-1

1-2

1-3

2-1

2 发酵好的面团均匀分割成5份，每份用擀面棍擀平后，排入烤盘，放入预热至190℃烤箱，烤8分钟，即为口袋面包。

3 细芦笋烫熟备用。

2-2

2-3

4 分别取烤好的口袋面包，用剪刀剪开，里面先抹上坚果抹酱，再包入芦笋、各色生菜即可。

4-1

4-2

水波蛋生菜松饼

〔种类〕奶蛋素 ┃ 〔分量〕1人份

〔材料〕

A　松饼粉250克、鲜奶150克
　　鸡蛋2个

B　草莓150克、各色生菜45克

〔调味料〕

◆ 柠檬油醋汁2大匙（做法见18页）

〔装饰〕

用毛刷刷上巴萨米克醋膏后，再放上食用花。

〔做法〕

1　松饼粉中加入鲜奶及鸡蛋1个，拌匀，静置松弛10分钟。

2　取平底锅，锅面均匀抹上少许油，分三次倒入面糊，用小火煎，待面糊表面出现许多小泡泡，翻面煎约10秒，直至两面皆呈金黄即可。

3　300毫升水煮沸后，转小火，加入1大匙白醋，打入鸡蛋，以筷子轻拌绕圈，煮约5分钟，捞起。

4　每片松饼上摆放草莓，再放一片松饼，再放草莓，堆叠三层后，草莓上摆放生菜及水波蛋，最后淋上柠檬油醋汁即可。

Cooking Tips:

面糊出现小气泡表示面糊慢慢熟透凝固，可以翻面。

米兰蔬菜薏米汤

〔种类〕全素 | 〔分量〕1人份

〔材料〕
- 薏米80克
- 西芹25克
- 胡萝卜20克
- 番茄20克
- 甜菜根20克
- 蘑菇10克

〔调味料〕
- 干燥百里香碎2克
- 盐1/6小匙
- 白胡椒粉少许

〔装饰〕
新鲜百里香1支

〔做法〕

1 西芹撕除粗丝、胡萝卜去皮，与番茄、甜菜根、蘑菇分别切成3毫米见方的小丁。

2 锅中加入1大匙纯橄榄油，放入蘑菇，用中小火炒香后，加入薏米拌炒均匀，再加入西芹、胡萝卜、番茄、甜菜根炒匀。

3 接着加入百里香碎及2杯水，转小火熬煮18分钟，待所有材料熟透后，加盐、白胡椒粉调味即可。

菜花玉米粥

〔种类〕全素 ｜ 〔分量〕1人份

〔材料〕
- 大米1/2杯 • 西蓝花50克
- 罐头玉米粒30克
- 胡萝卜25克
- 烤好吐司丁3克

〔调味料〕
- 盐1/2小匙 • 特级初榨橄榄油1大匙
- 白胡椒粉少许

Cooking Tips:

没有高压锅时，可用汤锅；
将米和水加入锅中，用小火熬煮20分钟，
慢煮至米粒熟透后，再加入胡萝卜、西蓝花、
玉米粒煮熟，起锅前再加调味料即可。

加入特级初榨橄榄油调味，
是健康养生煮法。

〔做法〕

1 胡萝卜去皮，与西蓝花分别切碎；大米洗净备用。

2 将米加入4杯水后，放入高压锅煮成粥。

3 开盖，加入胡萝卜、西蓝花、玉米粒，煮2分钟，再加入盐、橄榄油、白胡椒粉调味。

4 起锅盛盘后，加入吐司丁即可。

蜜糖吐司

〔种类〕奶蛋素 | 〔分量〕2人份

〔材料〕

* 吐司1/3个
* 奇异果1个
* 罐头水蜜桃1个
* 草莓4个
* 冰淇淋2球
* 饼干1片
* 脆笛酥2支

〔调味料〕

* 奶油10克
* 鲜奶油2大匙
* 巧克力酱 1大匙
* 草莓酱2大匙
  （做法见32页）
* 新鲜薄荷叶1片

〔装饰〕

用巴萨米克醋膏在盘上画装饰线条，撒上石竹，再放生菜。

〔做法〕

1 吐司用面包刀切出吐司的瓤，不要切穿，留下面包硬壳当容器，里面的瓤再切成1厘米长条状。

2 切好的瓤抹上奶油后，放入预热至180℃烤箱，烤至金黄，取出，再回填至吐司盒中。

3 鲜奶油打发；奇异果切花片；水蜜桃切块。

4 烤好的吐司条上，先放上打发的鲜奶油，再加上冰淇淋、奇异果、水蜜桃、草莓，然后挤上巧克力酱及草莓酱后，放上饼干、脆笛酥及薄荷叶即可。

分清楚荤素，吃得更安心

蔬食料理经常会使用到起司、番茄酱等加工制品，
但这些食品可能含有令人难以辨别荤素的食品添加物，
纯素者应先学会区分清楚哪些成分是荤食或素食，才能吃得更安心。

起司是素的？

在起司的制作过程中，若加入凝乳酵素（Rennet），就是荤食，关键在于凝乳酵素通常是从小牛的胃里抽取提炼而来。但如果使用植物性凝乳酵素或以菌类发酵的起司，则可称为奶素。

明胶是素的？

明胶又称为鱼胶或吉利丁（Gelatin），常用于果冻、布丁、慕斯、起司蛋糕、口香糖及果酱中，就连番茄汁、胡萝卜汁也会添加明胶，以增加黏稠的口感。但明胶主要是提炼自动物的骨骼或结缔组织，属于动物性蛋白，所以是荤食。

洋菜，也称为琼脂、洋菜胶、菜燕，是从海藻类植物中提取的胶质，可作为明胶的替代品，纯素者可以安心食用。

番茄酱是素的？

番茄酱的制作过程中，如果使用牛油（又称奶油）、洋葱、大蒜等材料，就不能称为纯素。原因在于牛油的成分有两种，若标示为"Butter"，代表从牛奶中提炼出的脂肪，奶素者可食用；如果标示是"Cattle Fat"，则是从牛肉中提炼的脂肪，属于荤食。至于洋葱、大蒜，则被列入植物五辛素，纯素者也要小心误食。

食用色素是素的？

食用色素如虾色素、蟹色素，来自虾蟹等甲壳类动物；胭脂红色素常见于果酱、蜜饯、草莓浆、少数素火腿中，因为是从胭脂虫提炼而来，并在提炼过程中牺牲了胭脂虫，所以属于荤食，纯素者得多加留意。

铜叶绿素可用于干海带、烘焙食品、果酱、果冻及调味乳、汤类及不含酒精的调味饮料。从蚕宝宝粪便中萃取出来的铜叶绿素，因蚕宝宝的食物为桑叶，而且取粪便时并未牺牲蚕宝宝，因此，可以称为纯素。

Part Three
精·选·附·餐

姜黄醋渍时蔬、咖哩胡萝卜浓汤、蘑菇海藻沙拉……
开胃菜、汤、沙拉，
一道道美味的前菜满足舌尖，不舍得一气，
那么就慢慢品尝，
才会特别香、令人回味。

西餐的进食顺序

正式西餐出菜的顺序主要以菜肴的口味来安排，先由淡转浓，温度则由凉转热；接着温度再由热转凉，最后由凉转为热饮，画上完美的句号。

一般来说，正统的西式晚宴，从开胃菜到甜点、饮品，共有13道菜，一餐吃下来至少要5～6小时。不过，现代西餐菜单则是简化许多，从开胃菜、汤品、沙拉、前菜、主菜、甜点到饮料，为6或7道菜左右。在点菜时，应先决定主菜；主菜若是鱼或海鲜类，开胃菜就选择肉类，让口味丰富多样。而有健康概念的人不妨选择使用新鲜蔬果做成的蔬食主菜，不仅能满足口腹之欲，又可以吃得巧、不发胖。

第一道 开胃菜

开胃菜为西餐的第一道菜，味道大多清爽可口，且分量不多，目的是刺激食欲，而非满足食欲。基本上，开胃菜可分为冷、热两大类。热开胃菜通常安排在鱼或海鲜类的前菜前供应，冷开胃菜则是在汤品之前上菜。

第二道 汤品

吃完开胃菜后，紧接着上来的是汤品。西餐的汤品大致可分为清汤、浓汤两大类。清汤主要是用大量的蔬菜熬煮而成，口感清香甘甜；浓汤则以蔬菜和土豆拌炒后打成泥状，利用根茎类的淀粉，再加入鲜奶油，增添天然的浓郁口感。

第三道 沙拉

结束前两道菜后，就进入第三道的沙拉。吃沙拉，主要是为了去油解腻、转

换口感。但值得注意的是，有些沙拉酱像是千岛酱、塔塔酱等热量较高，以少量摄取为宜。

第四道 前菜

在荤食的西餐中会供应前菜，以鱼或龙虾、鲍鱼等海鲜做成冷盘，因为鱼类的肉质鲜嫩，较好消化，所以安排在肉类的主菜前，加以区别。不过，在蔬食西餐的出菜顺序上，前菜通常会并入开胃菜中，不再细分。

第五道 主菜

主菜是西餐的重头戏。在素食料理中，主菜大多以甘薯、土豆、芋头、南瓜等根茎类，搭配菇类、综合时蔬，以增加饱足感，并采取烘烤、焗烤及炖煮等料理手法，兼顾美味与健康。

开胃菜，勾人食欲好滋味

开胃菜是一餐开始的第一道菜，目的是在正餐之前，开脾胃、刺激食欲之用。有些开胃菜的做法很简单，但也有的料理手法相当讲究，摆盘十分丰盛华丽的开胃前菜。无论是哪一种开胃菜，为了引起食欲，通常必须和正餐搭配，却不能抢了主菜的风采。

＊常见料理手法：醋渍、油渍、佐酱

基本上，开胃菜的食材有各色的鲜蔬、橄榄、渍物、起司、酱料等，而且冷热食皆宜。

常见的热开胃菜，种类有薄饼、咸塔、面疙瘩、意大利面食、焖饭、面糊炸物、炭烤三明治等。有时热开胃菜也可视为单点的菜肴，但在简单的西式套餐中，常被主菜所取代。

冷开胃菜则被当作开胃小点，常见料理手法包括：醋渍、油渍、佐酱等。比方说，使用白酒醋、姜黄粉、月桂叶等煮成酱汁后，放入红黄甜椒、汆烫过的菜花，腌渍2天，所做成的姜黄醋渍时蔬，酸酸甜甜的滋味，让人马上胃口大开。

油渍也是很受欢迎的冷盘做法，例如橄榄油渍风干番茄，就是把橄榄油、盐、糖、巴萨米克醋混合后，加入风干番茄拌匀即可。若要做出酸甜的口感，也可以利用酱汁，像是山药佐蓝莓酸奶酱或百香果酸奶酱，夏天吃起来最爽口又对味！

＊开胃菜也能当主菜

一般来说，开胃菜的分量不太多，几口就能吃完。但有些场合中，开胃菜会以意大利面、卷饼或面包为食材，不但可增加饱足感，也能当主菜吃。

比如说，用全麦饼皮包入食材，做成全麦鲜蔬卷饼；或是将牛油果切丁，加入切碎的辣椒、香菜梗、腰果后，再以调味料调味，做成牛油果坚果酱，淋在烤好的全麦面包上，就能增加满足感。不过，牛油果的热量相当高，最好浅尝辄止。此外，番茄天使冷面除了可当开胃菜外，也是热量较低的轻食料理，很适合女性食用。

橄榄油渍风干番茄

〔种类〕全素 | 〔分量〕2人份 | 〔菜色类别〕开胃菜

〔材料〕

风干番茄250克

〔调味料〕

· 特级初榨橄榄油4大匙

· 盐1/4小匙

· 糖2大匙

· 巴萨米克醋2大匙

〔装饰〕

新鲜百里香1支

〔做法〕

1 橄榄油先加入盐、糖拌匀，再加入巴萨米克醋拌匀。

2 加入风干番茄拌匀，浸泡2天即可。

Cooking Tips :

盐、糖要先在油中溶化，再加醋，才不会拌好后产生颗粒状的糖或盐。

风干番茄可到百货公司超市购买。

山药佐双味果香酸奶酱

〔种类〕奶素 | 〔分量〕1人份 | 〔菜色类别〕开胃菜

〔材料〕
◆ 日本山药150克

〔调味料〕
A 新鲜蓝莓50克、原味酸奶50克、糖1小匙
B 百香果4个、原味酸奶50克、糖1小匙

〔装饰〕
薄荷叶少许

〔做法〕

1 锅中分别加入蓝莓、糖和去皮百香果、糖，盖上锅盖，中小火煮沸后转小火，计时1分钟，打开锅盖熬煮18分钟，待汤汁变浓稠放凉，即为蓝莓酱、百香果酱。

2 将蓝莓酱、百香果酱分别加入原味酸奶拌匀，即为蓝莓酸奶酱、百香果酸奶酱。

〔材料〕
◆ 菜花150克 ◆ 红甜椒30克
◆ 黄甜椒30克

〔调味料〕
A 姜黄粉1小匙、糖3大匙
黑胡椒原粒1大匙、盐1小匙
月桂叶2片
B 白酒醋1杯

〔装饰〕
新鲜迷迭香1支、酸模和食用花各适量

Cooking Tips :

这道菜酱汁中加白酒醋，除可去除蔬菜的菜味外，也可以利用酸味，让酱汁的味道更有层次。

3-1

3-2

Cooking Tips:

山药煮熟捣成泥，
便成为小朋友最爱的
"蓝莓山药泥"

3 山药去皮，用搅
   丝器搅成丝状，
   再以筷子卷起后
   放入盘中。

4 依个人喜好，淋上
   蓝莓酸奶酱或百香
   果酸奶酱即可。

姜黄醋渍时蔬

〔种类〕全素 | 〔分量〕1人份 | 〔菜色类别〕开胃菜

〔做法〕

1 锅中倒入1/2杯水，加入调味料A煮沸，熄火，再加入白酒
   醋拌匀，待放凉，即为酱汁。

2 菜花切小朵；红、黄甜椒去子，切成3厘米长条状。

3 锅中加入500毫升水煮沸后，放入菜花，大火氽烫后迅速捞
   起，自然放凉。

4 取一容器，放入菜花、红甜椒、黄甜椒及做法1的酱汁，浸泡2天入味即可。

油醋魔芋养生菌

〔种类〕全素 | 〔分量〕1人份 | 〔菜色类别〕开胃菜

〔材料〕
魔芋丁150克 · 鸿喜菇30克 · 小黄瓜50克 · 甜菜根50克

〔调味料〕
巴萨米克油醋酱4大匙（做法见18页） · 新鲜迷迭香5克

〔装饰〕
新鲜迷迭香1支、冰菜和酸模各适量

Cooking Tips：
若没有新鲜的迷迭香，可用1大匙干燥品代替。

〔做法〕

1 鸿喜菇分撕成小朵；小黄瓜切成1厘米见方的丁；甜菜根去皮，切成1厘米条状。

2 锅中加入500毫升水煮沸后，放入魔芋丁和鸿喜菇，用中火汆烫，捞出滤干；小黄瓜放入烫熟，捞出滤干，放凉备用。

3 将所有材料加入调味料拌匀即可。

青酱乳酪番茄

〔种类〕奶素 | 〔分量〕1人份 | 〔菜色类别〕开胃菜

〔材料〕
· 罗勒50克 · 烤好松子50克
· 番茄1个 · 马苏里拉起司50克

〔调味料〕
· 盐1/4小匙 · 黑胡椒粒1/4小匙
· 特级初榨橄榄油4大匙
· 帕玛森起司粉30克

〔装饰〕
小黄瓜用刨刀刨下长片后卷起，搭配巴萨米克醋膏、酸模。

〔做法〕

1 罗勒去梗取叶，擦干，放入干净容器，加入松子及盐、黑胡椒粒、橄榄油、帕玛森起司粉，用调理棒打成泥状，即为青酱。

2 番茄、马苏里拉起司分别切成4毫米片状，一片番茄、一片起司堆叠排盘。

3 最后淋上2大匙青酱即可。

Cooking Tips:

番茄的蒂头可以不用去掉，摆盘时，可照着番茄的样子一层层摆放，增加卖相。

剩余的青酱可以另外搭配炒饭、炖饭或意大利面。

法国面包佐番茄莎莎

〔种类〕奶素 ｜ 〔分量〕2人份 ｜ 〔菜色类别〕开胃菜

〔材料〕
- 番茄2个
- 罗勒30克
- 法国面包1根

〔调味料〕
- 特级初榨橄榄油4大匙
- 小茴香粉1/8小匙
- 盐1/8小匙
- 黑胡椒粒1/4小匙
- 白酒醋1大匙

〔做法〕

1 番茄用沸水余烫30秒，去皮，切5毫米见方的丁。

2 罗勒去梗取叶，切碎备用。

3 番茄中加入罗勒、所有调味料，拌匀，即为番茄莎莎。

4 法国面包切5毫米厚的片状，铺上调好的番茄莎莎即可。也可将法国面包烤热再食用。

牛油果坚果佐面包

〔种类〕奶蛋素 | 〔分量〕2人份 | 〔菜色类别〕开胃菜

〔材料〕
- 牛油果150克
- 烤熟腰果50克
- 香菜梗25克
- 辣椒1个
- 全麦面包1个

〔调味料〕
- 特级初榨橄榄油2大匙
- 盐1/8小匙
- 柠檬汁2大匙
- 糖2大匙
- Tabasco辣椒水1/4小匙

〔装饰〕
新鲜百里香1支

〔做法〕

1 牛油果切成3毫米见方的丁；腰果切碎备用。

2 香菜梗切碎；辣椒直切对半后，去子，切碎备用。

3 牛油果、腰果、香菜梗、辣椒放入干净容器里，加入所有调味料拌匀，即为牛油果坚果酱。

4 全麦面包切5毫米厚的片状，烤热后，搭配牛油果坚果酱即可。

奶油蘑菇

〔种类〕奶素 | 〔分量〕1人份 | 〔菜色类别〕开胃菜

〔做法〕

1 取平底锅，放入蘑菇，用中火干煎方式，把蘑菇两面煎至金黄半熟透状，放入烤盘。

2 煎好的蘑菇抹上香草奶油酱，撒上帕玛森起司粉。

3 放入预热至200℃烤箱，烤3分钟，撒磨细碎的黑胡椒粒即可。

〔材料〕

- 全麦饼皮2张
- 千叶豆腐2片
- 西芹100克
- 素火腿50克
- 小黄瓜50克
- 坚果30克
- 酸黄瓜25克

〔调味料〕

A 干燥迷迭香
   1/4小匙

   素梅林辣酱油
   1/4小匙

B 特级初榨橄榄
   油2大匙

〔装饰〕

各色生菜、酸模
各适量

Cooking Tips:

装饰用的生菜及酸模，
食用时也可一起搭着吃。

坚果也可使用市面上
销售的切碎机，
节省时间。

〔材料〕
· 蘑菇250克

〔调味料〕
· 香草奶油酱2大匙
  （做法见32页）
· 帕玛森起司粉1大匙
· 黑胡椒粒1小匙

〔装饰〕
新鲜迷迭香1支

全麦鲜蔬卷饼

〔种类〕全素 ｜ 〔分量〕2人份 ｜ 〔菜色类别〕开胃菜

〔做法〕

1 西芹撕除粗丝，和小黄瓜、酸黄瓜分别切成丝。

2 千叶豆腐加入调味料A腌渍，约10分钟；坚果切碎，加入橄榄油拌匀，即为坚果橄榄油。

3 取不粘平底锅，分别将全麦饼皮、素火腿、千叶豆腐干煎至两面金黄。

4 煎好的全麦饼皮，每片包入适量的西芹、小黄瓜、酸黄瓜、素火腿及千叶豆腐，最后淋上坚果橄榄油，包卷起来即可。

番茄天使冷面

〔种类〕全素 | 〔分量〕2人份 | 〔菜色类别〕开胃菜

〔材料〕
- 天使面150克
- 番茄1个
- 芦笋50克
- 红甜椒30克
- 黄甜椒30克

〔调味料〕
- 特级初榨橄榄油2大匙
- 盐1/4小匙
- 俄力冈香料1/8小匙
- 白胡椒粉1/8小匙

〔装饰〕
酸模少许

〔做法〕

1 锅中加入500毫升水煮沸后，加入盐少许（分量外），放入天使面，用中火煮3分钟后捞起，放入冰水冰镇后滤干。

2 番茄用沸水烫30秒，取出，剥除外皮。

3 芦笋削除硬皮，放入沸水中烫熟，泡入冰水中冰镇备用。

4 红甜椒、黄甜椒去子，切成5厘米长条状，烫熟备用。

5 剥皮的番茄放入果汁机，加入所有调味料搅打成泥状。

6 冰镇好的天使面加入番茄泥，拌匀，放入盘中，摆上芦笋及红黄椒即可。

Cooking Tips:
天使面是意大利面中最细的面。

好汤，喝出健康和元气

不论是中餐或西餐，汤品都占有重要地位。不过，东西方对于喝汤的顺序却不太一样，西方人习惯饭前喝汤，东方人则是饭后喝汤，到底哪一种方式比较健康？

基本上，糖尿病患者或需要控制饮食的人，最好饭前喝清汤，以增加饱足感，并减少饭或肉类的摄取量。若是大体力劳动者，就可以先吃饭菜，最后再喝汤，以补充大量活动所需要的营养。

至于一般人，以西餐的吃法进食最佳，也就是开胃菜、汤、沙拉、主食的用餐顺序。因为吃完主菜后再喝汤，容易导致营养过剩，造成肥胖，而且汤会冲淡胃液，影响食物的消化与吸收，所以先喝汤比最后喝汤，更健康且具有减重效果。

西餐的汤品也有浓淡之别。清汤常是运用各式蔬菜做成的不同风味的汤，其中以意大利蔬菜汤和番茄汤最常见；浓汤则是奶油南瓜浓汤、奶油番茄浓汤、土豆蘑菇浓汤、菜花浓汤等，其中，又以南瓜浓汤最知名。

✳清汤 甘甜爽口

喝汤，能让人恢复活力、充满元气。传统熬汤的方式是用鸡骨、牛骨及蔬菜，但其实运用新鲜甜美的蔬果，也能煮出美味爽口的好汤。适合熬煮素汤底的食材包括：胡萝卜、白萝卜、鲜香菇、玉米、黄豆芽、番茄、圆白菜或大白菜等。

慢火细炖的清汤，汤面清澈，口感清爽。像是以番茄、西芹、胡萝卜、圆白菜熬成的番茄蔬菜汤，带有微酸的口感，加上汤面清爽，又能吃到各种蔬菜，最适合全素和喜欢清爽口感的人。

✳浓汤 浓郁顺口

传统西式浓汤，大多使用奶油炒面粉来增加浓稠感。但在健康养生的风潮兴起后，逐渐改以土豆、南瓜、甘薯等淀粉质丰富的食材，熬煮出浓稠度；再加入鲜奶和鲜奶油，让浓汤喝起来更香浓顺口。例如，书中的紫甘蓝浓汤、蘑菇浓汤等汤底，都有用到土豆、鲜奶及鲜奶油。

市面上蔬食餐厅制作的浓汤如今也有口味上的变化，不单只靠鲜奶油调味，还可加入接受度高的咖喱，做成咖喱胡萝卜浓汤，或是用2种食材本身的甜味，做成复合口味的汤品，像是玉米南瓜浓汤，让浓汤的口感更丰富。

腰果牛蒡清汤

〔种类〕全素 | 〔分量〕1人份 | 〔菜色类别〕汤品

〔材料〕

· 牛蒡80克 · 莲藕50克

· 腰果35克 · 新鲜巴西蘑菇30克

〔调味料〕

· 盐1/4小匙 · 白胡椒粉1/8小匙

〔做法〕

1 牛蒡去皮后切片；莲藕去皮后切滚刀块。

2 高压锅中放入牛蒡、莲藕、腰果、巴西蘑菇及水500毫升。

3 煮10分钟后开盖，加入盐、白胡椒粉调味即可。

 食材介绍

巴西蘑菇又称姬菇、小松菇，是比较常见的菇种，通常市面上以干燥品居多，若用干燥的可以同等数量替换。炒菜、炖汤等，都是不错的选择，也可以当主菜的配菜用。

Cooking Tips:

牛蒡营养丰富，可美容、瘦身，最为人称道的作用是防癌抗癌。

〔材料〕

黑番茄（也可用普通番茄代替）1个　番茄1个　圆白菜80克　西芹50克
胡萝卜50克

〔调味料〕

月桂叶3片　盐1/4小匙　俄力冈香料1/8小匙

番茄蔬菜汤

〔种类〕全素　|　〔分量〕1人份　|　〔菜色类别〕汤品

〔做法〕

1　黑番茄、番茄切成5毫米见方的丁。

2　西芹撕除粗丝，胡萝卜去皮，与圆白菜均切成5毫米见方的丁。

3　锅中加入纯橄榄油1大匙，放入胡萝卜，用中火炒香后，加入两种番茄、圆白菜、西芹拌炒至香味出来，再加入月桂叶、盐及水500毫升煮沸，转小火继续熬煮15分钟。

4　起锅前，加入俄力冈香料即可。

Cooking Tips：

黑番茄原产南美洲，
药食兼用，营养价值很高，
但价格较贵。

蘑菇浓汤

〔种类〕奶素 │〔分量〕1人份 │〔菜色类别〕汤品

〔做法〕

1　蘑菇切片；土豆去皮后切薄片；圆白菜切丁；西芹撕除粗丝后切丁。

2　锅中加1大纯匙橄榄油，放入蘑菇炒香，再加入西芹、土豆、圆白菜，用中火拌炒均匀后，加入2杯水煮沸，转小火熬煮至材料熟透。

3　用调理棒把材料打成泥后，加入鲜奶、盐、奶油，再开火，用小火煮沸，熄火，加入鲜奶油拌匀。

4　撒上巴西里碎，搭配面包条即可。

〔材料〕
• 胡萝卜150克　• 土豆50克
• 圆白菜50克

〔调味料〕
• 奶油30克　• 咖喱粉1大匙
• 白胡椒粉1/4小匙　• 盐1/4小匙
• 鲜奶油50克

〔装饰〕
用毛刷蘸上橄榄油，在盘边刷成长条状，再撒上胡椒粉、新鲜百里香叶、新鲜鼠尾草、花瓣、面包丁。

〔材料〕
- 蘑菇150克
- 土豆100克
- 圆白菜50克
- 西芹25克
- 面包条2根
- 新鲜巴西里碎1/8小匙

〔调味料〕
- 鲜奶1杯
- 盐1/4小匙
- 奶油30克
- 鲜奶油3大匙

〔装饰〕
食用花少许

咖哩胡萝卜浓汤

〔种类〕奶素 | 〔分量〕1人份 | 〔菜色类别〕汤品

〔做法〕

1 胡萝卜、土豆去皮后切成薄片状；圆白菜切丁备用。

2 锅中放入奶油，加入胡萝卜、土豆，用中火炒香后，加入圆白菜、咖哩粉、白胡椒粉拌炒均匀，加入2杯水煮沸，转小火熬煮至材料熟透。

3 用调理棒把材料打成泥后，用小火把材料再次煮沸，加盐调味。

4 起锅后加入鲜奶油即可。

紫甘蓝浓汤

〔种类〕奶素 | 〔分量〕1人份 | 〔菜色类别〕汤品

〔材料〕
- 紫甘蓝150克
- 土豆100克
- 圆白菜50克
- 胡萝卜30克
- 硬式面包2个

〔调味料〕

A 奶油1大匙
　 盐1/4小匙
　 白胡椒粉1/8小匙

B 鲜奶1/2杯
　 鲜奶油2大匙

〔装饰〕
生菜少许

Cooking Tips:

本书的浓汤都是利用根茎类食物中的丰富淀粉质，达到天然的浓稠效果，所以熬煮过程要随时搅拌，以免烧焦影响风味。

〔做法〕

1　土豆、胡萝卜去皮，分别切片；紫甘蓝、圆白菜分别切条备用。

2　锅中加入奶油，放入胡萝卜用中火炒香后，加入土豆拌炒，再加入紫甘蓝、圆白菜炒匀后，加入盐、白胡椒粉调味，加入2杯水，用大火煮沸后，转小火煮20分钟，熄火。

3　用调理棒把材料打成泥后，开火，用小火把材料再次煮沸。

4　加入鲜奶，煮至奶香味出来后，熄火，加入鲜奶油拌匀。

5　硬式面包中间挖空，把煮好的浓汤盛入即可。

蔬菜沙拉，清爽无负担

　　沙拉是西餐料理的第三道菜，当吃过开胃菜、喝过汤后，清爽可口的蔬菜沙拉，具有转换口感的作用。此外，沙拉也是品尝蔬果天然原味最简单的料理方式，不论是生吃、汆烫或稍微蒸煮过，都能获得蔬菜和水果最完整的营养成分。

　　和新鲜蔬果一起搭配食用的沙拉酱，可以增添口感。常见的口味，有清爽的油醋酱、红酒醋汁，酸甜的蓝莓酱、百香果酱，以及重口味的千岛酱、凯萨酱、塔塔酱、蜂蜜芥末酱等。

＊轻口味沙拉酱：
油醋、蓝莓、百香果酱

　　油醋酱主要盛行于南欧地区，尤其是意大利。简单的油醋酱，只用橄榄油和醋调制而成。橄榄油通常用特级特级初榨橄榄油（Extra-virgin Olive Oil）；至于醋方面，则是可以使用巴萨米克醋（Balsamic Vinegar）、白酒醋、红酒醋、苹果醋。另外，还会在油醋酱中，加入意大利香料、黑胡椒或柠檬汁，以增添香气和风味。

　　除了爽口的油醋酱外，也可以用季节性水果来提味，像是蓝莓酱、百香果酱、草莓酱等，就能在蔬菜沙拉的爽脆口感中，多一点酸酸甜甜的味道，吃起来别有一番滋味。这些酱因不添加鸡蛋、鲜奶，加上热量较低，很适合纯素者及女性食用。

＊重口味沙拉酱：
千岛、凯萨、塔塔酱

　　尽管现代人重视健康养生，使得蔬菜沙拉成为最受欢迎的轻食，但单吃蔬菜总会觉得淡而无味，所以有些人喜欢口味较重的沙拉酱。根据一项最新的网络调查显示，吃生菜沙拉时，最喜欢搭配的蘸酱，以千岛沙拉酱居冠，其次是日式和风酱、凯萨沙拉酱。

　　千岛酱的酸甜滋味，很适合搭配甜薯沙拉、土豆蛋沙拉；水果蔬菜条除了原本的塔塔酱外，也可以佐蜂蜜芥末酱一起食用。不过，重口味的沙拉酱因为加入鸡蛋、鲜奶及蛋黄酱，较适合蛋奶素者，而且热量较高，2匙千岛酱相当于1/3碗白饭的热量，想通过吃蔬菜沙拉减重的人，应避免淋上过多的沙拉酱，以免摄取过多的热量。

田园凯萨沙拉

〔种类〕奶蛋素 | 〔分量〕1人份 | 〔菜色类别〕沙拉

〔材料〕

· 散叶生菜150克 · 紫甘蓝25克 · 酸豆15克 · 蛋黄1个 · 面包条4根

〔做法〕

1　蛋黄先加盐调匀，再加入橄榄油、柠檬汁拌匀后，加入酸豆及法式芥末酱调匀备用。

〔调味料〕

A　盐少许、特级初榨橄榄油3大匙
　　柠檬汁1大匙、法式芥末酱1/4小匙

B　帕玛森起司粉25克

蘑菇海藻沙拉

〔种类〕全素 | 〔分量〕1人份 | 〔菜色类别〕沙拉

〔材料〕

· 海藻35克 · 杏鲍菇3根
· 散叶生菜50克 · 绿卷生菜30克
· 红包心25克 · 酸模10克 · 食用花3朵

〔调味料〕

A　盐1/8小匙
　　黑胡椒粒1/4小匙

B　红酒醋汁4大匙（做法见18页）

南瓜甜薯佐萝蔓

〔种类〕奶素 | 〔分量〕1人份 | 〔菜色类别〕沙拉

〔材料〕

· 散叶生菜150克 · 板栗南瓜（新品种，味如板栗，口感粉面）100克 · 紫甘薯80克 · 烤熟核桃50克

〔调味料〕

· 原味酸奶100克

〔装饰〕

酸模适量

Cooking Tips:

自制面包条，将吐司切片，
放入烤箱，烤至酥脆即可。

················

沙拉美味的技巧在于要充分沥干蔬菜的水分，
做出来的沙拉会更加爽口，
也不会因为水分影响酱汁的味道。

2 散叶生菜、紫甘蓝排入盘中，淋
   上调好的酱汁，最后撒上帕玛森
   起司粉，摆上面包条即可。

〔做法〕

1 海藻用冷开水泡开备用。

2 锅中加入纯橄榄油1大匙，放入杏鲍
   菇，用中火煎至表面金黄，撒上盐、
   黑胡椒粒调味。

3 海藻、杏鲍菇、各类生菜、酸模、食
   用花依序排入盘中，最后淋上红酒醋
   汁即可。

〔做法〕

1 栗子南瓜、紫甘薯切成2厘米见方的
   丁，放入蒸笼，用大火蒸20分钟至
   熟，取出待凉。

2 把南瓜、紫甘薯、散叶生菜、核桃
   依序放入盘中。

3 食用时，淋上酸奶即可。

甜薯沙拉

〔种类〕奶蛋素 ┃ 〔分量〕2人份 ┃ 〔菜色类别〕沙拉

〔材料〕
· 芋头150克
· 黄心甘薯100克
· 紫薯100克
· 杏桃干50克

〔调味料〕
· 蛋黄酱2大匙

〔装饰〕
生菜、酸模各适量

〔做法〕

1 芋头、黄心甘薯、紫薯分别去皮后切1厘米见方的丁，放入蒸笼，用中火蒸15分钟，取出待凉。

2 杏桃干切成1厘米见方的丁。

3 放凉的芋头、甘薯加入蛋黄酱拌匀，排入盘中，撒上杏桃干即可。

土豆蛋沙拉

〔种类〕奶蛋素 ｜ 〔分量〕1人份 ｜ 〔菜色类别〕沙拉

〔材料〕

- 土豆150克
- 鸡蛋1个
- 小黄瓜50克
- 胡萝卜50克
- 罐头玉米粒30克

〔调味料〕

- 蛋黄酱2大匙
- 糖1大匙
- 白胡椒粉1/8小匙

〔装饰〕

紫甘蓝苗、酸模、石竹、新鲜百里香、新鲜鼠尾草各适量

Cooking Tips：
所有材料都要沥干水分，才不会导致酱汁变稀、变淡。

〔做法〕

1 土豆去皮后切成片，放入蒸笼，用中火蒸10分钟，取出待凉。

2 小黄瓜、胡萝卜切成5毫米见方的丁，胡萝卜丁煮熟，沥干放凉。

3 鸡蛋用中小火煮12分钟至熟，去壳，切碎备用。

4 土豆用压泥器压成泥，加入鸡蛋、小黄瓜、胡萝卜、玉米粒及调味料拌匀即可。

4-1

4-2

水果蔬菜条

〔种类〕奶蛋素 | 〔分量〕1人份 | 〔菜色类别〕沙拉

〔材料〕
* 西芹50克
* 胡萝卜50克
* 凉薯（豆薯）50克
* 小黄瓜50克
* 苹果50克

〔调味料〕
* 塔塔酱4大匙
  （做法见17页）

〔装饰〕
* 新鲜迷迭香1支
* 酸模1片

〔做法〕

1 西芹撕除粗丝；胡萝卜、凉薯、苹果去皮，苹果泡淡盐水。

2 所有材料用压条器压成长条，放入冰开水中冰镇5分钟，捞起沥干，排入盘中。

3 搭配塔塔酱即可。

2-1

2-2

Cooking Tips：
蔬菜泡冰开水的目的可以增加蔬菜的脆度、爽口；苹果去皮后，要浸泡淡盐水，避免氧化变褐色。

Part Four
特·选·主·菜

香煎杏鲍菇佐莎莎酱、芦笋双色山药、千层芋头塔……
活用各种素食材，
交织出风味独特、层次分明的口感，
犹如法式餐馆里的盛宴，
满足您的身心。

主菜，赏心悦目又有饱足感

主菜是蔬食套餐的重头戏，除了提供营养和饱足感外，再配上画龙点睛的盘饰，就是色香味俱全的餐点。主菜菜色上是运用多种蔬果做成主食，还会搭配一些蔬菜类或淀粉类的配菜，或附上米饭、面类、口袋面包及小圆面包。烹调手法与口味上则富有变化，并佐以各种酱汁。

而有些人爱吃肉，总会担心蔬食料理吃不饱，其实只要善用烹调技巧及挑对食材，一样能吃饱又健康无负担。

＊根茎类食物淀粉含量高

根茎类食物，包括甘薯、南瓜、土豆、芋头、玉米、山药等，因淀粉含量高，热量不低，所以可替代饭及面类，作为主食。

土豆是蔬食料理中最常见的食材，其用法多变，不论是整个蒸熟，加入食材焗烤，或是蒸熟压成泥做成土豆饼，或是和素火腿浆、豆腐做成土豆排，都具有饱足感。

芋头也很受欢迎，含有丰富的淀粉与蛋白质，能提供足够的营养与热量，可蒸熟压成泥，包入马苏里拉起司，做成芋泥起司条，或一层一层堆叠的千层芋头塔，都是口味浓郁的菜色，即便非素食者都会忍不住一口接着一口。

＊豆制品及菇类富有嚼劲

多利用热量低又具有嚼劲的天然食材，不仅能增加食物分量，也可提供饱足感，像是豆腐、香菇、杏鲍菇、番茄、西芹等，都是好用的食材。

豆腐、千叶豆腐及素鸡，都是黄豆研磨成豆浆后制成的豆制品。相较于鱼和肉类，豆制品含有丰富的植物蛋白，但热量、脂肪、胆固醇含量低，不易对人体造成额外的负担。

在现代蔬食料理中，豆制品的吃法相当多元，像是用北豆腐加其余食材做成的焗烤豆腐香菇盅；或是在千叶豆腐内铺上起司片、素火腿片后卷起，再沾面包粉，炸成的蓝带千叶豆腐排；或把食材切碎，加入油豆皮、墨西哥香料，搓成圆饼状，煎成墨西哥香料煎饼，都能增进用餐的满足感。

另外，菇类的吃法千变万化，也是素食常使用的食材，例如，用整个杏鲍菇煎过搭配莎莎酱，或是用整颗的猴头菇、鲍鱼菇，和调味料一起烹煮，做成辣味猴头菇、铁板鲍鱼菇，都是让人一看就食指大动的佳肴。

＊运用烹调手法吃出满足感

可选用圆白菜、大白菜叶片，做成圆白菜卷，或是一片一片做千层大白菜，整个吃下来都非常有分量，而且有丰富的纤维。

此外，还可用派皮当外皮，内层包卷杏鲍菇，就是一道简易素食版的威灵顿烘烤杏鲍菇，一样是深具吸引力，又能吃饱的菜色。

西餐主菜的基本盘饰

西餐的盘饰和中式盘饰的不同在于不需要费时的雕工技法，西餐的盘饰比较强调整体构图、抽象美感和意境，掌握几个装饰重点，您也能摆出大师般的精致盘饰

Step 1 先做背景

若使用酱汁或巴萨米克醋膏，为了不干扰配菜和主菜的风味，先在盘子上画成背景后，再放入配料、主菜。

Step 2 决定摆放盘饰的物件

◆ 运用颜色作出对比

中性颜色如白、黑、灰，给人高雅、稳重的感觉；暖色如红、黄、橙则让人觉得热情、活泼；冷色如绿色则给人新鲜感。一道菜肴中具有中性、暖色和冷色搭配在一起就会让人眼睛一亮，觉得美味可口。

◆ 材料形状及材质的对比

这是一个基本规则，干的材料对应湿润的，粗糙纹理对应滑顺的，软的对应硬的，工整的块状对应不规则的，圆的对应条状的，这会让整体看起来更具有焦点。例如将干煎食材配上酱汁，或是炒菇配上滑顺的醋膏。

◆ 铺底或盛装主菜

将食材切片、切丝铺底，或利用食材本身可作为器皿的特色，或利用面条、糖丝、蛋白等做成容器来盛装主菜，会考验盛器的韧性，应尽快食用。

Step 3 决定摆放主菜的位置

◆ 从圆心向外放射摆放

使用各种形状的盘子都能实行的摆放方法，将焦点放在圆盘中心，摆饰材料则围绕在外圈。

◆ 分散摆放

主菜如果是小块状或有数个，可以先以酱汁做好背景后，再分散摆上主菜，若有其他盘饰也可分散摆入，这个方式也考验了摆盘者的艺术性及整体构图。

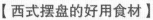

◆ 放在前半部

当主菜较高，或是采用堆叠摆法时，要将主菜放在圆盘的前方，而盘饰要放在后方，这时盘饰必须比主菜矮，但范围可以广。

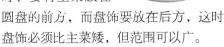

【西式摆盘的好用食材】

各式酱汁、生菜类的叶菜类、香草是西餐中最常见的盘饰食材，现在也流行用食用花，像是石竹、三色堇等。此外，醋膏是最容易取得的现成酱料，它是由巴萨米克醋浓缩而成的，用法和酱汁一样，但因为更加浓稠，可以作画、写字，或是直接淋在食材上。

辣味猴头菇佐奶香米型面

〔种类〕奶素 │ 〔分量〕1人份 │ 〔料理方式〕煮

〔材料〕

A 干燥猴头菇250克
   胡萝卜30克、西芹30克

B 米型面50克

〔调味料〕

A 奶油20克、月桂叶1片
   美极鲜味露1/4小匙
   素梅林辣酱油1大匙、糖1小匙
   黑胡椒粒1大匙

B 奶油20克、盐少许

〔做法〕

1 煮一锅沸水，加入1/4小匙
  盐（分量外）及米型面，以
  小火煮6分钟，捞起备用。

2 胡萝卜去皮、西芹撕除粗
  丝，分别切碎；猴头菇泡
  水10分钟备用。

3 锅中倒入1小匙素橄榄油，
  放入猴头菇，用中火煎香，
  加入胡萝卜、西芹拌炒至出
  水后，加入调味料A拌炒均
  匀，再加入1杯水煮沸，转
  小火熬煮10分钟即可。

4 另取锅，加入奶油，放入
  米型面以中火炒香，加入
  盐调味后放入盘中，把煮
  好的做法3铺上即可。

〔配菜〕

◆ 水煮橄榄形萝卜各1个（做法见20页）
◆ 水煮西蓝花1朵（套上辣椒圈）

食材介绍

米型面是用意大利面做成米的形状，看起来很像米，口感筋道，可到烘焙材料店购买。

〔材料〕
- 黄节瓜150克
- 绿节瓜150克
- 红甜椒50克
- 小黄瓜50克
- 土豆泥100克
  （做法见21页）

〔调味料〕
- 青酱50克（做法见61页）
- 帕玛森起司30克

〔装饰〕
石竹、酸模各适量

香煎节瓜佐青酱

〔种类〕奶素 | 〔分量〕1人份 | 〔料理方式〕煎

〔做法〕

1 小黄瓜刨长薄片，铺排在盘上；土豆泥铺淋在小黄瓜片上。

2 黄节瓜、绿节瓜切圆片；红甜椒切片状。

3 平底锅中倒入1小匙纯橄榄油，放入黄、绿节瓜、红甜椒，用中火煎熟后依序排入盘中。

4 淋上青酱，刨入帕玛森起司即可。

Cooking Tips:

节瓜又称北瓜、瓠子。

焗烤土豆

〔种类〕奶蛋素 | 〔分量〕1人份 | 〔料理方式〕蒸、烤

〔材料〕

• 土豆1个 • 小黄瓜50克 • 胡萝卜30克

• 罐头玉米粒30克 • 起司丝50克

• 新鲜巴西里碎1/4小匙

〔调味料〕

• 蛋黄酱1大匙

• Tabasco辣椒水1/4小匙

• 帕玛森起司粉25克

〔配菜〕

• 水煮罗马菜花适量

• 水煮紫菜花及迷你萝卜各适量

〔材料〕

• 绿节瓜100克 • 土豆100克

• 黄节瓜50克 • 小番茄50克

• 玉米笋50克

〔调味料〕

• 黑胡椒粒1/4小匙 • 新鲜迷迭香10克

• 新鲜百里香10克 • 月桂叶2片

• 蔬菜高汤1杯（做法见22页） • 盐1/4小匙

〔装饰〕

新鲜迷迭香、百里香各适量

Cooking Tips：

土豆先煎过，可让表面上的淀粉质产生焦化，让土豆的香气更浓。

··

若没有新鲜的迷迭香和百里香，均可用1小匙干燥品代替。

〔做法〕

1 土豆带皮洗净，放入蒸笼，用中火蒸40分钟至熟透，取出切半备用。

2 小黄瓜切成5毫米见方的丁；胡萝卜去皮，切成5毫米见方的丁，煮熟。

3 土豆表面挤上一半蛋黄酱，放上一半玉米粒、小黄瓜、胡萝卜，再铺上起司丝，滴上辣椒水，撒上起司粉。依序完成另一份。

4 放入预热至190℃烤箱，烤至表面金黄色，取出撒上巴西里碎。

意式炖时蔬

〔种类〕全素 ｜ 〔分量〕1人份 ｜ 〔料理方式〕煮

〔做法〕

1 土豆去皮，和绿节瓜、黄节瓜切滚刀块；玉米笋切成4厘米长段。

2 锅中加3大匙纯橄榄油，放入土豆，用中火煎香至外表呈金黄色时取出。

3 煎土豆的锅直接加入黑胡椒粒、迷迭香、百里香、月桂叶，再倒入蔬菜高汤，用中火熬煮，煮沸后转小火熬煮10分钟。

4 再加入两种节瓜、土豆、玉米笋、小番茄、盐熬煮5分钟，待收干汤汁即可。

香煎杏鲍菇佐莎莎酱

〔种类〕奶素 | 〔分量〕1人份 | 〔料理方式〕煎、煮

〔材料〕

A 杏鲍菇250克
   番茄1个、青椒50克
   辣椒2个
B 大米1/2杯、水1/2杯

〔调味料〕

A 特级初榨橄榄油50克
   盐1/4小匙
   黑胡椒粒1/8小匙
   柠檬汁2大匙
   糖1大匙
   干燥百里香1/4小匙
B 盐1/6小匙
C 盐1/5小匙、白胡椒粉少许
   奶油1/4小匙

〔配菜〕

水煮青花笋（西蓝花和芥蓝杂交的新品种，又称西蓝参）、迷你白萝卜；红黄甜椒切成5毫米见方的丁，以奶油炒香后加少许盐调味。

〔装饰〕

香菜叶少许

〔做法〕

1 番茄用沸水烫30秒，取出，剥除外皮，切半去子，再切成3毫米见方的丁。

1-2

1-3

2 青椒去子后切成3毫米见方的丁；辣椒去子后切碎。

3 番茄中加入青椒、辣椒及调味料A拌匀，即为莎莎酱。

4 杏鲍菇直刀切半后，表面划上十字刀纹，放入锅中，用1小匙纯橄榄油，中火煎至表面金黄后撒上1/6小匙盐即可。

5 大米和水、调味料C放入电饭锅煮成米饭。

6 盘中先用米饭铺底，再摆上杏鲍菇，最后淋上莎莎酱。

Cooking Tips:

杏鲍菇表面划十字刀纹，
除了美观以外，可以让汤汁吸入味。

迷迭香素羊排佐宽面

〔种类〕奶素 | 〔分量〕1人份 | 〔料理方式〕煎、煮

〔材料〕

A 油豆皮250克
　 金针菇50克
　 胡萝卜50克
　 黑木耳50克
　 鲜香菇30克
　 香茅2支

B 鸟巢面50克

〔调味料〕

A 干燥迷迭香2小匙
　 盐1/4小匙
　 白胡椒粉1/4小匙

B 薄荷酱1大匙
　 蔬菜高汤2大匙 （做法见22页）
　 鲜奶油20克

C 黑胡椒酱适量 （做法见94页）

D 奶油1小匙、盐1/4小匙

〔配菜〕

水煮罗马菜花、黄金菜花、紫菜花各适量

〔装饰〕

新鲜迷迭香1支

〔做法〕

1 金针菇去蒂头，切小段；胡萝卜去皮，与黑木耳、鲜香菇分别切丝。

2 锅中放入1大匙纯橄榄油，放入香菇、金针菇，用中火炒香，再加入胡萝卜拌炒均匀，加入黑木耳、迷迭香炒匀后，加盐、白胡椒粉调味，即为内馅。

3 取保鲜膜铺平，将一半油豆皮摊平，摆上1支香茅，再放上一半炒好的馅料，包卷起来，即为素羊排。依序完成另一份。

3-1

3-2

4 取不粘锅，加入1/2小匙纯橄榄油，放入素羊排，以小火煎至两面金黄即可放入盘中。

3-3

5 将薄荷酱及蔬菜高汤放入锅中，用中小火煮沸后，加入鲜奶油拌匀，与黑胡椒酱一起淋在素羊排边。

6 煮一锅沸水，加入盐少许（分量外）、鸟巢面，用中小火煮8分钟后捞出沥干；再另取一锅，加入鸟巢面、奶油、盐拌炒均匀后，盛入素羊排盘中。

食材介绍

鸟巢面是一种宽的意大利面，因外形呈现鸟巢状而得到这个名字。面条宽度较宽，所以很适合搭配浓厚的红酱、白酱等。

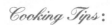

Cooking Tips:

选用可食用的香茅做羊排骨头，
若家中没有，也可以改用甘蔗
来取代羊排骨头。

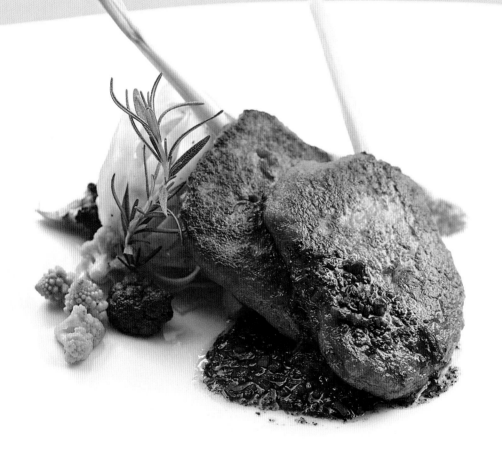

蓝带茄汁千叶豆腐排

〔种类〕奶素 | 〔分量〕1人份 | 〔料理方式〕炸、煮

〔材料〕

A 千叶豆腐1片、素火腿片1片、起司片1片、番茄1个

B 白米1/2杯、紫糯米1/2杯、水1杯

〔调味料〕

A 盐少许、白胡椒粉少许、特级初榨橄榄油1小匙

B 胡椒盐10克、面粉50克、面包粉150克

〔配菜〕

◆ 水煮罗马菜花适量

◆ 水煮紫菜花适量

◆ 水煮黄金菜花适量

〔装饰〕

三色堇、甜菊叶（又叫甜叶菊）各适量

〔做法〕

1 番茄用沸水烫30秒，取出，剥除外皮，加入调味料A，用调理棒打成泥后，用小火煮沸，盛盘。

2 千叶豆腐摊开，均匀撒上胡椒盐5克，再铺上起司片、素火腿片，包起。

3 面粉25克加入1大匙水拌匀成面糊；另外的25克面粉当沾粉。

4 把包好的千叶豆腐排分别依序沾上一层面粉、面糊、面包粉。

5 准备炸油，烧热至180℃，放入千叶豆腐排，用中小火炸至表面呈金黄色后捞出沥干油，撒上胡椒盐5克，切半，排入铺有番茄泥的盘中。

6 材料B入电饭锅煮成花青饭，也盛入盘中。

香料面肠佐油渍彩椒

〔种类〕全素 | 〔分量〕1人份 | 〔料理方式〕煎

〔材料〕
◆ 面肠250克 ◆ 红甜椒80克 ◆ 黄甜椒80克

〔调味料〕

A 特级初榨橄榄油80克、盐1/4小匙、糖1大匙、巴萨米克醋2大匙

B 意大利综合香料1小匙、盐1/5小匙、巴萨米克醋膏1大匙

〔配菜〕
节瓜（瓠子）花1朵煎熟，用黑胡椒粒、盐调味。

〔装饰〕
各色生菜适量

〔做法〕

1 红甜椒、黄甜椒用火烤至表皮焦黑后，刮除表皮，切成片状，加入调味料A拌匀，腌渍10分钟。

2 面肠剖开后摊开，加入意大利综合香料、盐，腌渍10分钟。

3 取不粘锅，加1小匙纯橄榄油，放入腌好的面肠，用中火煎至表面金黄，取出放入盘中。

4 把彩椒放入盘中，淋上巴萨米克醋膏。

干煎时蔬串

〔种类〕奶素 | 〔分量〕1人份 | 〔料理方式〕煎

〔材料〕

- 茭白150克
- 小黄瓜100克
- 红甜椒50克
- 黄甜椒50克

〔调味料〕

- 特级初榨橄榄油3大匙 ◆ 盐1/4 小匙
- 黑胡椒粒1/4小匙
- 新鲜百里香1/4小匙

〔配菜〕

土豆泥、炸薯片各适量
（做法见21页）

〔装饰〕

用毛刷刷上橄榄油，再磨入彩色
胡椒粒，摆上卷好的小黄瓜卷、
三色堇。

Cooking Tips

煎好的时蔬串还可搭配18页的红酒醋汁，
可增添不同风味。

〔做法〕

1 茭白、小黄瓜切成2厘米长段。

2 红、黄甜椒去子，切成2厘米见方的丁。

3 所有材料加入调味料拌匀，腌渍5分钟，再用竹扦把每种材料穿插串起。

4 取不粘锅，用毛刷在锅面刷上少许纯橄榄油后，放入串好时蔬，中小火干煎至熟。

黑胡椒土豆排

〔种类〕奶素 | 〔分量〕1人份 | 〔料理方式〕炸

〔材料〕

A 土豆1/2个
　　油豆皮50克
　　北豆腐50克

B 蘑菇50克
　　胡萝卜50克
　　西芹25克

〔调味料〕

A 中筋面粉20克

B 月桂叶1片
　　美极鲜味露1/4小匙
　　素梅林辣酱油1/4小匙
　　糖1/8小匙
　　黑胡椒粒1大匙
　　番茄糊1大匙

C 奶油1大匙

〔配菜〕

水煮罗马菜花、迷你萝卜、玉米及土豆各适量

〔做法〕

1 土豆去皮后切丁，放入蒸笼，用中火蒸15分钟至熟取出，趁热用压泥器压成泥，再加入油豆皮、北豆腐、面粉拌匀，搓成圆球后略微压扁，做成土豆排。

2 准备炸油，烧热至180℃，放入土豆排，用中小火炸至表面呈金黄色，捞出沥干油，排入盘中。

3 蘑菇切片；胡萝卜去皮，切碎；西芹撕除粗丝，切碎。

4 锅中放入1小匙纯橄榄油，加入蘑菇，用中火炒香，再加入胡萝卜、西芹拌炒均匀后，加入调味料B及水1杯，转小火煮5分钟，起锅前加入奶油拌匀，即为黑胡椒酱。

5 炸好的土豆排淋上黑胡椒酱。

5大必吃的营养丰富好食材

现代的蔬食料理，使用许多天然健康的好食材，
其中又以坚果类、芦笋、番茄、西蓝花、菇类为营养圣品，
值得列入每日必吃的菜单中。

【坚果类】护心又健脑

腰果、开心果、核桃、胡桃、杏仁、花生等坚果类食物，含有丰富的维生素E、单不饱和脂肪酸及植物固醇，有助于降低人体血液中的"坏胆固醇"（低密度脂蛋白胆固醇），减少心血管疾病发生的概率。

坚果还蕴含多元不饱和脂肪酸，如次亚香油酸，对于脑部、视网膜及中枢神经的发育很重要，其中尤以核桃含量最多，堪称是补脑益智的好食物。不过，坚果热量高，每天食用8克（约1汤匙）即可。

【芦笋】增强免疫力

芦笋富含维生素A、维生素C、维生素E，以及钙、钾、镁等矿物质，因营养价值高、热量低，而被誉为"蔬菜之王"。美味可口的芦笋，不仅是很好的抗氧化食物，更是增强免疫力的圣品，内含的天门冬氨酸、B族维生素，能帮助消化、促进新陈代谢，并消除疲劳，使人保持充沛的活力。

【番茄】预防前列腺癌

番茄含有丰富的维生素C、茄红素等多种营养素；其中，茄红素经过加热，并与坚果类的天然油脂一起烹调后，会更容易释出，增加人体对茄红素的吸收与利用，并预防前列腺癌。而且茄红素能清除身体内的自由基，使细胞免于受伤害，具有抗老作用。

【西蓝花】防癌圣品

西蓝花富含维生素C、β–胡萝卜素、叶酸、钙、硒等营养素，以及吲哚、萝卜硫素等多种抗癌成分，能预防癌细胞生长，对抗致癌物质的毒性。若要保留西蓝花的抗癌效果，最好用余烫方式，加热5分钟内为宜。

【菇类】降血压的好食物

天然的蔬食料理中，常可见到香菇、蘑菇、杏鲍菇等菇类食物；其中，香菇含有多糖与香菇嘌呤物质，能促进胆固醇分解、预防动脉硬化及降低血压。但菇类食物的嘌呤含量较高，痛风与有肾脏疾病的人宜浅尝则止。

墨西哥香料煎饼佐南瓜酱

〔种类〕全素 | 〔分量〕1人份 | 〔料理方式〕煎

〔材料〕

A 油豆皮200克、马蹄50克
鲜香菇40克、胡萝卜30克
西芹30克

B 低筋面粉1小匙、水6小匙
橄榄油6小匙

C 南瓜50克

〔调味料〕

A 墨西哥香料1/4小匙、盐1/4小匙

B 白胡椒粉少许、盐少许

〔装饰〕

水煮豌豆仁、石竹及新鲜迷迭香各
适量

〔材料〕

A 油条1根、带皮土豆条150克

B 米饭1/2碗

〔调味料〕

A 中筋面粉50克

B 匈牙利红椒粉1/4小匙
凯莉茴香1/4小匙、盐1/4小匙
辣椒粉1大匙

C 帕玛森起司粉2大匙、盐1/5小匙
白胡椒粉少许、罗勒碎5克

〔装饰〕

各色生菜适量、香菜1根

〔做法〕

1 马蹄、胡萝卜去皮，西芹撕除粗丝，与鲜香菇分别切碎，加入油豆皮、调味料A拌匀后，搓成圆饼状，即为香料饼。

2 取不粘锅，加入1/2小匙纯橄榄油，放入香料饼，用小火煎至两面金黄，即可排入盘中。

3 材料B调匀，倒入不粘锅，用小火干煎至水分散发掉，成白色的洞洞饼，取出，排在香料煎饼盘中。

4 南瓜去皮、去子后切成薄片，放入蒸笼，用中火蒸10分钟后，取出，加入调味料B，用调理棒打成泥状，即为南瓜酱，搭配香料煎饼。

Cooking Tips：
制作圆形饼前双手可先沾水，
塑形时才不会黏手。

香料辣味油条

〔种类〕全素 ｜ 〔分量〕1人份 ｜ 〔料理方式〕炸

〔做法〕

1 中筋面粉加入水4大匙调成面糊；油条切成5厘米长段。

2 油条均匀沾裹上面糊后，放入烧热至180℃的油中，用中火炸至金黄色，捞起沥干油；利用同锅炸油，放入带皮土豆条，用中小火炸至金黄，捞出沥干油。

3 另取锅加入所有调味料B，用小火拌炒均匀备用。

4 炸好的油条、薯条排入盘中，撒上炒好的调味料。

5 米饭和调味料C混和拌匀，塑成圆饼状，放入烧热至180℃的炸油中，用中火炸至金黄后捞起沥干油，即为塔香锅粑，排入盘中。

9 8   Part Four

圆白菜卷佐红椒酱

〔种类〕全素 | 〔分量〕1人份 | 〔料理方式〕蒸

〔材料〕

A 圆白菜3片、油豆皮100克、蟹味菇50克、凉薯（豆薯）50克
B 红甜椒80克、洞洞饼1片（做法见97页）

〔调味料〕

A 盐1/4小匙、白胡椒粉1/8小匙
B 特级初榨橄榄油1大匙、盐1/6小匙

〔装饰〕

生菜、酸模、石竹各适量

〔做法〕

1 圆白菜一叶叶烫熟后，用刀面拍平粗梗备用。

2 蟹味菇分撕成小朵；凉薯去皮，切碎备用。

3 锅中加入2大匙纯橄榄油，放入蟹味菇，用中火炒香后，加入凉薯拌炒均匀，再以盐、白胡椒调味，即为馅料。

4 分次取圆白菜叶片，每叶前1/3摆入油豆皮、炒好的馅料，包卷成长条状，包到中间再将两侧圆白菜往内折，顺势包好，收口朝下放入蒸笼，用大火蒸5分钟。

5 红甜椒以火烤方式将光亮表皮烤至焦黑，再用刀面去除焦黑表皮后，加入调味料B，用调理棒打匀成泥状，用小火煮沸，即为红椒酱。

5-1

5-2

5-3

6 红椒酱铺盘底，摆上圆白菜卷即可。

芋泥起司条

〔种类〕奶蛋素 | 〔分量〕1人份 | 〔料理方式〕炸

〔材料〕

- 豆皮小张2张
- 芋头350克
- 马苏里拉起司150克

〔调味料〕

A 盐1/8小匙、糖2大匙、奶油2大匙

B 面包粉150克、面粉80克

C 塔塔酱4大匙（做法见17页）

〔装饰〕

冰菜、三色堇、酸模、石竹、食用花各适量

〔做法〕

1 马苏里拉起司切成7厘米的细长条；面粉加入水70毫升拌匀成面糊备用。

2 芋头去皮、切片后，放入蒸笼，用中火蒸10分钟，压成泥状，加入调味料A拌匀，即为芋泥。

3 取一张豆皮，前1/3处铺上一半的芋泥，上面放马苏里拉起司，包卷成长条状，包到中间再将两侧腐皮往内折，顺势包完，用面糊封口粘紧。依序完成另一个。

3-1

3-2

3-3

3-4

3-5

3-6

4 包好的芋泥起司条分别刷上一层面糊，再沾裹上面包粉。

4-1

4-2

5 准备炸油，烧热至180℃，放入芋泥起司条，用中小火炸至表面呈金黄色后捞出沥干油，排入盘中，搭配塔塔酱即可。

威灵顿杏鲍菇佐南瓜奶酱

〔种类〕奶蛋素 | 〔分量〕1人份 | 〔料理方式〕烤

〔材料〕

A 杏鲍菇250克
　 蛋黄1个、酥皮4张
B 板栗南瓜100克

〔调味料〕

A 意大利综合香料1/4小匙、奶油1大匙、盐1/4小匙
B 鲜奶油1大匙、奶油1/4小匙、盐少许

〔装饰〕

水煮罗马菜花、酸模、石竹及黑胡椒粒各适量

〔做法〕

1　取锅，放入杏鲍菇，用中火干煎至表面金黄，再用调味料A调味，取出备用。

2-1

2 每张酥皮放上一朵煎好的杏鲍菇，包卷起来，压实，两端再用刀背压紧。

2-2

2-3

2-4

2-5

3 在酥皮卷表面刷上一层蛋黄液。

3-1

3-2

4　酥皮卷收口朝下，放入预热至190℃烤箱，烤至表面金黄色即可。

5　板栗南瓜去皮、去子后切片，放入蒸笼，用中火蒸10分钟，取出，用压泥器压成泥后，加入调味料B拌匀，用小火煮沸，即为南瓜奶酱。

6　把南瓜奶酱铺在盘底，摆上酥皮卷即可。

食材介绍

板栗南瓜指的是由日本北海道引进的南瓜品种，口感特别松软。

Cooking Tips:

酥皮表面涂上一层蛋黄液，
可让烤好的酥皮色泽更漂亮。

酥皮卷烤的过程会膨起；烤时要随时留意表面状态，
以免烤焦。在烘烤过程中，避免中途打开烤箱，
否则酥皮会迅速缩掉，
所以要烤上色定型后再取出。

焗烤千层大白菜

〔种类〕奶素 | 〔分量〕1人份 | 〔料理方式〕烤

〔材料〕
- 大白菜3叶 - 烟熏素火腿50克
- 胡萝卜50克 - 甜豆仁50克
- 新鲜巴西里碎1小匙

〔调味料〕
- 盐1/4小匙 - 白胡椒粉1/8小匙
- 帕玛森起司30克

〔做法〕

1 大白菜一片片烫熟，捞起滤干水分备用。

2 烟熏素火腿切碎；胡萝卜去皮后切碎备用。

3 锅中加入1大匙纯橄榄油，放入胡萝卜，用中火炒香后，加入烟熏素火腿、甜豆仁拌炒均匀，再加入盐、白胡椒粉调味，即为馅料。

4 取一焗烤盘，放入大白菜，每叶中间夹入适量炒好的馅料后，共叠5层，表面刨入帕玛森起司。

5 放入预热至180℃烤箱，烘烤10分钟，撒上巴西里碎即可。

Cooking Tips:

这里为了美观会切掉多余的菜，自己在家食用，则可全部保留。

芦笋双色山药

〔种类〕奶素 | 〔分量〕1人份 | 〔料理方式〕煮

〔材料〕

- 罐头白芦笋250克
- 绿芦笋150克
- 白山药100克
- 紫山药100克
- 各色生菜50克

〔调味料〕

A 盐1/6小匙

　鲜奶油3大匙

B 海带高汤

　（做法见22页）

　盐1/4小匙

　黑胡椒粒1/4小匙

〔装饰〕

水煮小蘑菇萝卜、酸模、
三色堇各适量

〔做法〕

1 白山药、紫山药去皮，切成5毫米见方的方丁。

2 绿芦笋烫熟，用调理棒打成泥状，倒入锅中，用小火煮沸后，加盐调味，熄火，加入鲜奶油拌匀，即为绿芦笋酱汁。

3 白芦笋切段，加入海带高汤，用小火煮熟后捞起，排入盘中。

4 锅中加入1大匙纯橄榄油，放入白山药、紫山药，用中火炒熟后，加入盐、黑胡椒粒调味，排在白芦笋上。

5 淋入绿芦笋酱汁，摆上生菜即可。

烘烤秀珍菇

〔种类〕全素 | 〔分量〕1人份 | 〔料理方式〕烤、炸、炒

〔材料〕

- 秀珍菇（凤尾菇的幼菇）
  100克
- 芦笋50克
- 冷冻面线150克

〔调味料〕

- 松露酱50克
- 盐1/4小匙

〔做法〕

1 冷冻面线用铝箔锥筒绕成甜筒状后，放入预热至170℃的烤箱，烤至金黄备用。

2 秀珍菇撕成细丝状，放入烧热至190℃炸油中，用中小火炸至金黄捞起，沥干油备用。

3 芦笋削除硬皮，切成6厘米长段。

4 锅中加入1小匙纯橄榄油，放入芦笋，用中火炒香后，加入调味料拌炒均匀，再加入炸好的秀珍菇炒匀，起锅。

5 填入烤好面线筒中，放入深盘即可。

- 俄力冈香料1/4小匙

〔装饰〕

用毛刷刷上巴萨米克醋膏后，再放上水煮罗马菜花、紫菜花及黄金菜花、小蘑菇红白萝卜

Cooking Tips:

铝箔锥筒就是用铝箔纸卷成锥筒状当模型。

冷冻面线又称冷冻烘焙面团，
可在烘焙材料店买到。

健康吃蔬食必补充的4大营养素

有些人担心吃素可能会造成营养不良，究竟只吃蔬食料理的人，
比较容易缺乏哪些营养素？该从哪些食材中补充，才能吃得营养又健康？

补充营养素1　蛋白质

五谷饭搭配豆类，摄取完整优质蛋白质

素食者因不吃肉类，少了动物性蛋白质的来源，而被认为蛋白质摄取不足。其实，五谷根茎类、豆类、坚果类都含有丰富的优质蛋白质，尤其是俗称"豆类之王"的黄豆，可说是补充植物性蛋白质的首选。所以建议优先选用黄豆及黄豆制品，作为补充蛋白质的来源。但因豆类与全谷类的蛋白质组成不同，最好混合一起吃，才能摄取到完整的优质蛋白质，并提升蛋白质的利用率。

补充营养素2　钙

吃起司、西蓝花和晒太阳，达到补钙效果

吃素且不喝奶的人担心缺钙，补钙除了鲜奶及小鱼干外，黑芝麻、西蓝花、芥蓝菜、豆类、豆腐等，也含有丰富的钙。不过，光靠饮食还不够，必须适度晒太阳，帮助身体制造维生素D，才能增

加钙的吸收与利用，达到补钙的效果。

补充营养素3　铁

多吃深绿色蔬菜和水果，促进铁的吸收

深绿色蔬菜如菠菜、小油菜、红苋菜、穿心莲等，含有丰富的铁。此外，紫菜、花生、黑芝麻等，也是铁的优良来源。尽管植物性铁的吸收率不如动物性铁来得高，但只要多补充谷类和豆类，并和维生素C含量高的水果一起食用，就能促进铁的吸收与利用。最好是在饭前或饭后半小时内吃水果，或在进餐时喝一杯柳橙汁、柠檬汁，就能增加铁的吸收率。

另外，应避免进餐时和餐后喝茶或咖啡，以免丹宁酸与铁结合后沉淀，使得铁无法被吸收。鲜奶或起司中的钙，也会妨碍人体对铁的吸收，若想多吸收钙和铁，最好错开摄取，以免造成缺铁现象。

补充营养素4　维生素B$_{12}$

喝鲜奶、食用菇藻类，补充维生素B$_{12}$

如果没有摄取足够的维生素B$_{12}$，容易发生贫血问题。维生素B$_{12}$虽然主要存在于乳制品、海鲜及动物性肝脏中，但燕麦等全谷类食品，海藻类食物如海带、裙带菜、麒麟菜、紫菜、海带等，以及菇类如香菇、杏鲍菇等，维生素B$_{12}$的含量也不少，很适合纯素者作为重要的补充来源。

胡萝卜汉堡排佐春卷

〔种类〕奶素 | 〔分量〕1人份 | 〔料理方式〕煎、炸

〔材料〕

A　油豆皮30克、豆皮30克、香菇梗60克

B　马苏里拉起司150克、春卷皮1片

C　胡萝卜50克

〔调味料〕

A　盐1/4小匙、白胡椒粉1/8小匙、奶油1小匙

B　中筋面粉50克

C　蔬菜高汤1/2杯（做法见22页）、盐1/8小匙、鲜奶油1大匙

〔装饰〕

生菜、炸好的薄片蘑菇及水煮罗马菜花、石竹各适量

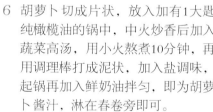

〔做法〕

1　香菇梗撕成小丝状，加入、豆皮及调味料A拌匀，捏压成圆形扁汉堡排。

2　取不粘锅，加入1小匙纯橄榄油，放入汉堡排，用中小火煎至两面金黄，取出，排入盘中。

3　马苏里拉起司切成条状；春卷皮1张剪成4片；中筋面粉加水30毫升调成面糊备用。

4　将春卷皮摊开，放上马苏里拉起司，顺势包卷完，用面糊把封口处粘紧。依序完成所有起司春卷。

5　准备炸油，烧热至170℃，放入起司春卷，用中小火炸至金黄，捞出沥干油，排入汉堡排盘中。

6　胡萝卜切成片状，放入加有1大匙纯橄榄油的锅中，中火炒香后加入蔬菜高汤，用小火熬煮10分钟，再用调理棒打成泥状，加入盐调味，起锅再加入鲜奶油拌匀，即为胡萝卜酱汁，淋在春卷旁即可。

Cooking Tips:

油豆皮和豆皮
都可到素食材料店购买，
要注意油豆皮只能冷藏保存，
冷冻后会脱水，影响口感。

千层芋头塔

〔种类〕全素 | 〔分量〕1人份 | 〔料理方式〕蒸

〔材料〕
- 芋头350克 · 蔬菜糊150克
- 胡萝卜50克 · 鲜香菇50克

〔调味料〕
- 盐1/4小匙 · 白胡椒粉1/8小匙
- 意大利面酱5大匙

〔装饰〕

搭配冰菜、酸模及三色堇各适量

〔做法〕

1 芋头去皮后切成3毫米厚片；胡萝卜去皮，
　与鲜香菇分别切碎。

2 蔬菜糊加入胡萝卜、香菇拌匀，即为馅料。

3 意大利面酱用小火煮沸备用。

〔材料〕
- 土豆250克 · 新鲜巴西蘑菇150克
- 生菜50克 · 甜豆30克 · 辣椒1个

〔调味料〕

A 盐1/4小匙、白胡椒粉1/8小匙、奶油1大匙
　面粉3大匙

B 盐1/6小匙、白胡椒粉1/6小匙、奶油1小匙
　海带高汤2大匙（做法见22页）

〔装饰〕

挤上巴萨米克醋膏，放上水煮的紫菜花、黄金
菜花、豌豆仁各少许

Cooking Tips:

如果没有新鲜巴西蘑菇，
可用等量干巴西蘑菇替换。

4-1

4-2

4 取一片芋头，上面先撒上盐、白胡椒粉，再铺上适量馅料，再放一片芋头，再一层馅料，一片芋头，层层叠起，共叠4层。

5 做好的芋头塔放入蒸笼，用中火蒸25分钟至熟透，取出，排入盘中，淋上意大利面酱即可。

土豆饼佐蘑菇时蔬

〔种类〕奶素 ｜〔分量〕1人份 ｜〔料理方式〕炸

〔做法〕

1 土豆去皮后切片，入蒸锅中火蒸15分钟，取出，加入调料A的盐、白胡椒粉、奶油拌匀。

2 土豆泥捏压成2个饼，表面沾上面粉后，放入烧热至190℃炸油中，用中小火炸至金黄，捞出沥干油，排入盘中。

3 甜豆撕除两旁老筋，切成斜片；辣椒去子后，切成菱形片。

4 锅中加入1大匙纯橄榄油，放入巴西蘑菇，用中火炒香后，加入甜豆、辣椒拌炒均匀，再加入调味料B，用小火煮至巴西蘑菇熟透即可。

5 把巴西蘑菇排入盘中，搭配生菜即可。

素酱冬瓜排

〔种类〕奶素 | 〔分量〕1人份 | 〔料理方式〕煮、烤

〔材料〕

- 冬瓜400克 素肉丁50克
- 番茄1个 胡萝卜50克
- 西芹50克 起司丝30克

〔配菜〕

水煮橄榄形红白萝卜、罗马菜花、紫菜花、黄金菜花各适量

〔装饰〕

新鲜迷迭香1支

〔调味料〕

A 番茄糊2大匙、奶油2大匙
俄力冈香料1/8小匙、月桂叶2片
盐1/4小匙

B 蔬菜高汤1杯（做法见22页）

〔做法〕

1 素肉丁泡水至软后，挤干水分；冬瓜去皮、去子。

2 番茄切成5毫米见方的丁；胡萝卜去皮，西芹撕除粗丝，分别切碎备用。

3 锅中加入1大匙纯橄榄油，放入胡萝卜，用中火炒香后，加入素肉丁、西芹、番茄拌炒均匀，再加入调味料A炒香。

4 接着加入蔬菜高汤及冬瓜，煮沸后转小火，熬煮20分钟。

5 盛排入盘中，淋上煮冬瓜的酱汁，再撒上起司丝。

6 放入预热至200℃烤箱，烤至起司丝表面金黄。

破除对素食的误解之 ❷

〔迷思〕 蔬菜和水果，多吃多健康？

有些人认为只要不吃肉，身体就会很健康，其他食物不必特别节制，多吃无妨。但事实上，长时间吃大量蔬菜和水果，可能会导致营养失衡，结果愈吃愈伤身。

原因在于：蔬菜的纤维、草酸和植酸会阻碍人体对钙、铁、锌、铜等重要矿物质的吸收，例如，菠菜含有大量草酸，会抑制钙的吸收。不过，其他蔬菜如菜花、圆白菜、油菜、芥蓝菜等，因含草酸量较低，可作为补充钙的良好来源。

〔迷思〕 餐厅提供的蔬食料理，就是素食饮食？

近年来，越来越多人重视健康及养生，不少业者看准商机，开创蔬食料理餐厅，以当地且当令的蔬果为食材，并采取异国烹调手法，让每一道蔬食料理都能兼具美味与健康，满足消费者的口腹之欲。

不过，蔬食并不全然等于素食，因为蔬食主要是讲求使用天然食材来烹调，可能会使用蛋奶类制品，以及洋葱、大蒜、青葱等植物五辛素。因此，吃素的人，尤其是全素者，在用餐前最好事先告知，以利店家另做准备。另外，也有标榜各国蔬食料理吃到饱的餐厅，会在每道餐点上贴心地注明是全素、含蛋、含奶、五辛、含酒，并使用不同的颜色标注，方便素食者分辨及取用。

〔迷思〕吃素可以帮助抗癌？

不少人存在着"素食者不吃肉，多吃蔬菜，罹癌风险较低"的刻板印象，但其实吃素的罹癌风险不见得会比较低！原因在于：有些素食者的饮食内容除了高纤蔬果外，也有不少的素食加工品或油炸物，长期吃导致油脂、盐分、人工添加物、致癌物质的过量累积。所以吃素的人应尽量以天然食材为主，减少加工制品，才能提升身体抗氧化的能力，进而预防癌症。

焗烤香菇豆腐盅

〔种类〕奶素 | 〔分量〕1人份 | 〔料理方式〕炸、炒、烤

〔材料〕

◆ 北豆腐2块 ◆ 蟹味菇50克 ◆ 玉米粒50克 ◆ 鲜香菇30克

◆ 起司丝50克 ◆ 新鲜巴西里碎1/4小匙

〔调味料〕

◆ 盐1/4小匙 ◆ 鲜奶油2大匙

〔装饰〕

红椒酱适量（做法见99页）、甜菊叶、石竹各少许

〔做法〕

1 北豆腐擦干，放入烧热至190℃的炸油中，用中火炸至金黄，捞出沥干油，再挖出一个3厘米正方盅。

1-1

1-2

1-3

2 蟹味菇分撕成小朵；鲜香菇切碎备用。

3 锅中加入1小匙纯橄榄油，放入香菇，用中火炒香后，加入蟹味菇、玉米粒拌炒均匀，再加入盐调味后，起锅加入鲜奶油，即为馅料。

4 将馅料填入豆腐盅里，表面撒上起司丝，放入预热至200℃的烤箱，烘烤至表面金黄即可取出。

5 排入盘中，撒上巴西里碎即可。

Cooking Tips:

这里的炸豆腐建议自己炸，可用品质好的食用油，健康有保障。

铁板鲍鱼菇

〔种类〕全素 | 〔分量〕1人份 | 〔料理方式〕煎

〔材料〕
- 鲍鱼菇250克

〔调味料〕
- 胡椒盐1/4小匙
- 玉米粉40克
- 意大利面酱80克

〔配菜〕
水煮罗马菜花、甘薯、紫薯各适量

Cooking Tips:
意大利面酱要够多，
才会好吃。

〔做法〕

1 鲍鱼菇放入沸水烫过后，捞出沥干，在菇的背面划上十字刀纹，撒上胡椒盐后，整朵沾上玉米粉。

2 锅中加入1大匙纯橄榄油，放入鲍鱼菇，用中火煎至两面金黄，取出，放入盘中。

3 意大利面酱用小火煮沸后，淋于鲍鱼菇上。

松露百灵菇

〔种类〕全素 | 〔分量〕1人份 | 〔料理方式〕煮

食材介绍

百灵菇是罐头的，开罐后，取出即可烹煮，炖汤、炒、煨、卤均可。

〔材料〕
* 百灵菇250克
* 胡萝卜80克
* 鲜香菇25克

〔调味料〕
* 松露酱50克
* 盐1/4小匙
* 美极鲜味露1/4小匙

〔配菜〕
水煮小蘑菇胡萝卜、罗马菜花各适量，搭配煮百灵菇的松露酱汁

〔装饰〕
石竹、新鲜百里香各少许

〔做法〕

1 胡萝卜去皮，与鲜香菇分别切碎。

2 锅中加入1小匙纯橄榄油，放入香菇，用中火炒香后，加入胡萝卜拌炒均匀，再加入松露酱、百灵菇拌炒。

3 再加入2杯水、盐、美极鲜味露，煮沸后转小火，继续煨煮25分钟即可盛入盘中。

综合鲜蔬起司火锅

〔种类〕奶素 ｜ 〔分量〕2人份 ｜ 〔料理方式〕煮

〔材料〕

- 圆白菜150克 ◆ 黑木耳60克 ◆ 玉米50克 ◆ 金针菇50克 ◆ 鲜香菇2朵
- 蘑菇50克 ◆ 新鲜巴西蘑菇50克 ◆ 杏鲍菇50克 ◆ 黑蚝菇（可用平菇代替）50克
- 橄榄形胡萝卜、白萝卜共40克

〔调味料〕

- 海带高汤6杯（做法见22页）
- 奶油乳酪50克 ◆ 奶油1大匙
- 鲜奶1杯 ◆ 盐1/4大匙

食材介绍

黑蚝菇是日本长野县引进的品种，外皮略微深灰色，梗稍纤细，富含人体所需的氨基酸、膳食纤维以及多糖体。

〔做法〕

1 圆白菜切大片；黑木耳切大块；玉米切小段；金针菇去蒂头，切小段；鲜香菇去蒂头，刻花刀；杏鲍菇横切片；黑蚝菇剥小朵。

2 海带高汤加入奶油乳酪、奶油，先用中大火煮沸后，转小火。

3 依序加入所有材料，用小火熬煮5分钟。

4 加入鲜奶后，加盐调味即可。

Part Five
蔬·食·面·饭

松露时蔬炖饭、奶油波特菇意大利面、香椿星星披萨……
经典与创意的交融，人和自然的美丽交会，
经过美味的洗礼，
每天都享用这样的料理，生活真好。

主食，健康美味又营养

现代的蔬食西餐，完全颠覆传统素食的料理手法，彻底改变一般人对蔬食的刻板印象；其中，又以饭面类的主食，最能展现出创意与美味。

目前，市面上的蔬食餐厅中，常见的主食包含炖饭、焗饭、意大利面、面疙瘩、披萨、咸派、薄饼、意大利热式三明治帕尼尼（Panini）、墨西哥烤饼、口袋饼等。这些主食不外乎以当令的时蔬为食材，搭配法国、意大利、西班牙、墨西哥及印度等不同国家的烹饪手法，让人在一道菜里就能品尝到多种蔬果的细腻口感与丰富层次，享受无国界的创意蔬食飨宴。

基本上，蔬食料理讲求健康养生的概念，以少油、少盐、少调味的健康方式烹调，最能呈现食材的新鲜和美味。但为了让无肉不欢者也能点头说赞，有些蔬食餐厅会提供添加青葱、大蒜等五辛植物的菜肴，或是可要求加辣椒，带点微辣的口感，更能使人胃口大开。

✱一样米，多种烹调手法

米饭是东南亚地区的主食，同样是白米饭，却能运用炖煮、焗烤、拌炒等不同的烹调方式，增进用餐的乐趣。另外，也可以选用杂粮或白米混合，增加膳食纤维的摄取量，吃起来更营养又健康。

炖饭是西方国家中很常见的主食料理，不论是意大利炖饭（Risotto）或西班牙海鲜炖饭（Paella），都让人一口就能吃到蔬菜、海鲜及肉类等丰富配料。事实上，只要懂得变通，把海鲜替换成蔬菜，即使是全素者也能享受到西班牙炖饭的美味。或是饭中撒上起司丝，马上就摇身一变，成为焗烤饭，就令人回味再三。

✱意大利面，口味丰富多元

意大利面被公认为意大利最具代表性的食品，种类琳琅满目，都有不同的拥护者。而搭配的酱汁中，常见有利用面粉、鲜奶油做成浓纯香的白酱，或以罗勒、松子、起司粉制成的青酱，或用番茄熬煮出带有微酸口感的红酱，可各自搭配面条和酱汁。

✱面疙瘩、饺子，中西融合的创意佳肴

可别以为面疙瘩、饺子是东方国家才有的食物，事实上，意大利人也很爱吃这类面食。不过，西式面疙瘩主要是由土豆做成，口感较软绵香甜，不像我们平时吃的面疙瘩富含嚼劲。若喜欢吃筋道的口感，在制作面疙瘩的过程中，可以降低土豆泥的比例，加入一点中筋面粉。另外，善加运用南瓜泥、菠菜泥、番茄糊等，也可以玩出色彩缤纷的意式面疙瘩，让餐点充满创意与乐趣。

✱披萨，烤出时蔬的香甜美味

据说，披萨原本是意大利拿坡里街上穷人的主食，如今却摇身变为全球广受欢迎的速食，更进而成为蔬食西餐厅中必备的基本主食。

披萨的饼皮种类和造型很多，可依个人喜好加入不同的食材。书中运用香椿独特的香气，做成特殊造型的香椿星星披萨，烤出来的外型令人惊艳，咬上一口，更是让人唇齿留香，余味犹存！

牛肝菌烩炒薏米

〔种类〕奶素 | 〔分量〕1人份 | 〔料理种类〕薏米

〔材料〕
- 牛肝菌30克
- 胡萝卜30克
- 薏米1/2杯
- 毛豆仁30克

〔调味料〕
- 盐1/4小匙
- 黑胡椒粒1/4小匙
- 干燥牛膝草1/4小匙
- 奶油1大匙

〔装饰〕
生菜叶适量

调味料介绍

牛膝草的味道跟薄荷很像，故又称为"柳薄荷"。因它的特殊香气，可增添料理风味，常用在烹调中，使用时最好在起锅前加入，以免加热过程中香气挥发。

〔做法〕

1　牛肝菌泡水5分钟至软化；胡萝卜去皮，切成5毫米见方的丁备用。

2　薏米加入1/2杯水，放入蒸笼，用中火蒸25分钟，取出。

3　锅中加入2大匙纯橄榄油，放入牛肝菌，用中火炒香后，加入胡萝卜拌炒均匀，再加入薏米、毛豆仁炒匀。

4　加入盐、黑胡椒粒、牛膝草调味，起锅前加入奶油拌匀即可。

焗烤白酱菜花炖饭

〔种类〕奶素 | 〔分量〕1人份 | 〔料理种类〕饭类

〔材料〕

A 罗马菜花100克
　　红甜椒30克
　　黄甜椒30克
　　起司丝50克
B 大米1/2杯、胡萝卜30克
C 新鲜巴西里碎1小匙

〔调味料〕

A 奶油3大匙、中筋面粉50克、鲜奶150克
　　盐1/4小匙、糖1/4小匙、鲜奶油30克
　　帕玛森起司粉30克
B 姜黄粉1/4小匙、热蔬菜高汤2杯（做法见22页）
　　鲜奶1/2杯、盐1/4小匙、帕玛森起司粉1大匙

〔做法〕

1 罗马花菜切小朵，红甜椒、黄甜椒去子后切成3厘米长条，全部放入沸水中烫熟，捞出沥干备用。

2 奶油放入锅中，用小火煮融化后，加入中筋面粉拌炒均匀，再加入鲜奶拌匀煮沸后，加入盐、糖调味，熄火，加入鲜奶油拌匀，即为白酱。

3 烫好的菜花、红甜椒、黄甜椒放入烤盘中，淋上煮好的白酱，再撒上起司丝、30克起司粉。

4 放入预热至220℃烤箱，烤至表面金黄色即可。

5 胡萝卜去皮，切成3毫米见方的丁；白米洗净备用。

6 锅中放入1大匙纯橄榄油，放入胡萝卜，用中火炒香后，加入大米、姜黄粉拌炒均匀，再加入1/2杯蔬菜高汤小火拌炒，待汤汁浓缩后再加入1/2杯蔬菜高汤，再浓缩，重复做法，直到高汤加完。

7 待米熟透，加入鲜奶、盐拌匀，熬煮至浓稠后熄火，加入帕玛森起司粉拌匀，即为姜黄炖饭。

8 撒上巴西里碎，搭配焗烤白酱菜花。

调味料介绍

姜黄粉又叫郁金香粉，以姜黄根制成，是黄色的香料，带有淡淡辛香味，用途广泛，常用来调色，多应用在炖饭或是咖喱料理中。撒入姜黄粉后要和全部材料拌匀，才不会结块，而且使用分量不宜过多，否则会产生苦味。

松露时蔬炖饭

〔种类〕奶素 | 〔分量〕1人份 | 〔料理种类〕饭类

〔材料〕
- 大米（或意大利米）1/2杯 ◆ 甜豆50克
- 红甜椒50克 ◆ 黄甜椒50克
- 松露10克 ◆ 新鲜巴西里碎1/4小匙

〔调味料〕
- 热蔬菜高汤2杯（做法见22页）
- 松露酱20克 ◆ 盐1/4小匙 ◆ 白胡椒粉1/8小匙
- 鲜奶油2大匙 ◆ 松露油1/4小匙 ◆ 帕玛森起司30克

〔做法〕

1 甜豆撕除两旁老筋，切斜片；红、黄甜椒去子后切菱形片；松露切片备用。

2 锅中加入1大匙纯橄榄油，用中火炒香甜豆、红黄甜椒，捞起备用。

3 利用炒蔬菜的锅，加入米，用中火拌炒至米呈透明状后，加入1/2杯蔬菜高汤，转小火熬煮至浓稠，再次加入1/2杯蔬菜高汤，再浓缩，重复做法，直到高汤加完。

4 加最后一次高汤浓缩时，加入松露酱、盐、白胡椒粉拌炒，待米饭熟透后加入炒好的时蔬拌匀。

5 熄火后，加入鲜奶油、松露油拌匀，再放入松露片。盛入盘中，撒上巴西里碎，刨入帕玛森起司。

食材介绍

松露可至进口超市购买。可以买颗粒状，也可购买松露酱来取代。如果买不到，可用新鲜蘑菇切碎来取代。

Cooking Tips：

炖饭分次加高汤是避免米粒一次吸收过多的水分而变得糊烂，所以一定要等到米粒完全吸收汤汁后，才能再加高汤。加入的高汤必须是热高汤，可避免锅中温度一下降过多，而导致米饭糊掉。

使用意大利米可不用洗，以免洗去米的天然淀粉质，就无法炒成颗颗分明的口感。

蘑菇炖饭

〔种类〕奶素 | 〔分量〕1人份 | 〔料理种类〕饭类

〔材料〕

- 大米（或意大利米）1/2杯 • 舞菇50克 • 蘑菇50克
- 芦笋50克 • 胡萝卜30克 • 辣椒10克

〔调味料〕

- 热蔬菜高汤2杯（做法见22页） • 鲜奶1/2杯
- 盐1/4小匙 • 白胡椒粉1/8小匙 • 鲜奶油2大匙

〔装饰〕

盘缘用巴萨米克醋膏挤上线条，再摆上1朵三色堇。

〔做法〕

1 舞菇分成小朵；蘑菇切片；芦笋削除硬皮后切成5厘米长段，胡萝卜去皮，切碎；辣椒去子，切碎；米洗净备用。

2 锅中加入1大匙纯橄榄油，放入舞菇、蘑菇、芦笋，用中火炒香后先捞起备用。

3 利用炒菇的锅，加入胡萝卜、米，用中火拌炒至米呈透明状后，加入1/2杯蔬菜高汤，转小火熬煮至浓稠，再次加入1/2杯蔬菜高汤，再浓缩，重复做法，直到高汤加完。

4 加最后一次高汤浓缩时，加入鲜奶、盐、白胡椒粉拌炒，待米饭熟透加入做法2炒好的菇、辣椒拌匀。

5 熄火后，加入鲜奶油拌匀，盛入盘中，上面摆煮好的芦笋即可。

松子青酱拌饭

〔种类〕奶素 | 〔分量〕1人份 | 〔料理种类〕饭类

〔材料〕
- 米饭1碗
- 素火腿50克
- 胡萝卜50克
- 紫菜花50克
- 烤好松子50克

〔调味料〕
- 青酱3大匙（做法见61页）
- 鲜奶油1小匙
- 盐1/4小匙

〔装饰〕
盘边淋上青酱，再摆放几片酸模及石竹。

〔做法〕

1　胡萝卜去皮，与素火腿分别切成3毫米见方的丁；紫菜花切小块备用。

2　锅中加入1大匙纯橄榄油，放入素火腿，用中火炒香后，加入胡萝卜、紫菜花拌炒均匀，再加入白饭拌炒。

3　再放入青酱、鲜奶油、盐调味拌炒均匀，盛入盘中。

4　最后撒上松子即可。

焗烤南瓜花青饭

〔种类〕奶素 | 〔分量〕1人份 | 〔料理种类〕饭类

〔材料〕
- 花青饭1碗（做法见91页）
- 菊瓜350克 ◆ 蘑菇100克
- 毛豆仁50克 ◆ 起司丝30克
- 新鲜巴西里碎1小匙

〔调味料〕
- 盐1/4小匙 ◆ 糖1/8小匙

Cooking Tips:
菊瓜是南瓜的品种之一，
口感比较绵密，
适合用来烹煮这道料理。

〔材料〕
- 大米1/2杯 ◆ 牛肝菌30克
- 毛豆仁25克 ◆ 胡萝卜20克
- 起司丝30克
- 新鲜巴西里碎1小匙

〔调味料〕
- 蔬菜高汤2杯（做法见22页）
- 盐1/4小匙
- 白胡椒粉1/8小匙
- 帕玛森起司粉20克

〔做法〕

1 菊瓜取完整的一半，把瓜肉刮出，切5毫米见方的丁，瓜盅放入蒸笼，用中火蒸15分钟至熟备用。

2 蘑菇切成5毫米见方的丁。

3 锅中加入1大匙纯橄榄油，放入蘑菇，用中火炒香后，加入菊瓜丁拌炒均匀，再加入花青饭、毛豆仁炒匀后，加盐、糖调味即可。

4 炒好的饭料放入蒸熟的菊瓜盅里，放上起司丝，放入预热至190℃的烤箱，烤至起司丝变金黄色，取出，撒上巴西里碎。

焗烤牛肝菌拌饭

〔种类〕奶素 | 〔分量〕1人份 | 〔料理种类〕饭类

〔做法〕

1 牛肝菌泡水5分钟至软化；胡萝卜去皮，切碎；米洗净备用。

2 锅中加入1大匙纯橄榄油，放入牛肝菌、胡萝卜、毛豆仁，用中火炒香后，加入米及蔬菜高汤拌匀，再加盐、白胡椒粉调味。

3 放电饭锅中煮熟成米饭。

4 起锅盛入烤盘中，撒上起司丝、起司粉，再放入预热至190℃的烤箱，烤至起司丝金黄，取出，最后撒上巴西里碎即可。

西班牙饭

〔种类〕全素 | 〔分量〕1人份 | 〔料理种类〕饭类

〔材料〕

♦ 大米（或意大利米）1/2杯　♦ 蘑菇80克　♦ 素肉50克　♦ 西蓝花50克

♦ 红甜椒30克　♦ 胡萝卜20克　♦ 柠檬1/2个

〔调味料〕

♦ 藏红花少许

♦ 盐1/4小匙

♦ 白胡椒粉1/8小匙

♦ 热蔬菜高汤2杯
　（做法见22页）

〔做法〕

1　蘑菇切片；素肉切片；西蓝花切小朵；红甜椒去子，胡萝卜去皮后，分别切片；米洗净备用。

2　锅加入纯橄榄油3大匙，放入蘑菇，用中火炒香后，加入胡萝卜、素肉拌炒均匀，再加入米、西蓝花、红甜椒炒匀后，加入藏红花、盐、白胡椒粉调味。

3　接着加入热蔬菜高汤，入电饭锅煮成米饭，放入柠檬即可。

调味料介绍
藏红花号称世界上最贵的香料之一，约17000朵的藏红花才能收集到约100克雌蕊。1朵藏红花仅3根柱根，因数量稀少所以相对价格较贵。藏红花皆是制成丝状或是粉末状的干品销售，颜色愈红等级愈高、也愈贵，但用量不需多，丝状的在使用前要先浸泡使香气和颜色释出，粉末状的不用，传统的西班牙海鲜饭一定会加入藏红花末增色及提鲜。

破除对素食的误解之 ❸

〔迷思〕您以为吃素热量低，就不会胖吗？

有些人为了瘦身、追求健康而吃素，以为素食就是吃大量的蔬菜、水果和豆制品，却没想到若是采用不利健康的煎、炸等烹调方式，反而会增加身体负担及肥胖概率。

吃素者也讲究精致与口感，加上现在的外食人口多，有些素餐厅会使用米饭、面条等精制的碳水化合物，以及面筋、素肉、素火腿等素加工品，来满足素食者的口腹之欲。餐馆烹调时，为了增加口感，通常会以煎、炸方式烹调，加入过多的油脂和调味料，以至于热量很高。比如饭后甜点的红豆糕、芝麻球等，都是属于高热量食物，长期吃下来不仅容易发胖，还会衍生高血脂、高血糖等代谢问题。

另外，腰果、开心果、杏仁、花生等坚果类食物，吃起来香脆顺口，但热量较高。一旦食用过多，也会造成脂肪在体内堆积，结果越吃越肥。因此，想要通过素食来控制体重，仍应注意烹调方式，并保持运动的良好习惯。

〔迷思〕素食者不会有高胆固醇的困扰？

如果以为不吃肉和蛋黄，饮食清淡一点，就能远离胆固醇过高的威胁，这样的想法可说是大错特错。饮食中除了胆固醇外，饱和脂肪酸也是造成高血脂及心血管疾病的元凶之一。

一般来说，全谷根茎类、豆类及蔬菜水果不含胆固醇和饱和脂肪酸。油脂和坚果种子类虽然也不含胆固醇，却含有饱和脂肪酸，其中又以椰子油、棕榈油的饱和脂肪酸含量较高。有些素食餐厅为了迎合大众口感，经常会采取油煎、油炸后再调味的方式，长期吃下来，会摄取过多的饱和脂肪酸，增加对心脏血管的负担。

因此，素食者若发现有高胆固醇的问题时，应先检视吃进的油脂种类和分量。在选择食用油时，建议以含有较多单不饱和脂肪酸的葡萄子油、橄榄油、葵花子油等为佳。

菠菜起司饺

〔种类〕奶素 | 〔分量〕1人份 | 〔料理种类〕饺类

〔材料〕
- 水饺皮250克 - 菠菜200克
- 番茄2个 - 新鲜巴西里碎1小匙

〔调味料〕
- 帕玛森起司80克 - 盐1/4小匙
- 白胡椒粉1/8小匙
- 蔬菜高汤2杯（做法见22页）

〔做法〕

1 番茄用沸水烫30秒，取出，剥除外皮，再切成5毫米见方的丁。

2 菠菜叶子跟菠菜梗分开后，叶子加入帕玛森起司50克、盐、白胡椒粉，用切碎器打碎拌匀，即为馅料。菠菜梗打碎备用。

2-1 2-2

3 取水饺皮1张，包入约1大匙馅料，再覆盖上1张水饺皮，边缘捏紧密。

3-1 3-2 3-3

4 锅中加入1大匙纯橄榄油，放入番茄，用中火炒香后，再放入菠菜梗，炒香，用调理棒打成泥状，再加入蔬菜高汤煮沸后，放入水饺，盖上锅盖，用小火焖煮3分钟。

5 盛入盘中，刨入帕玛森起司30克，撒上巴西里碎即可。

红酱时蔬饺

〔种类〕奶素 | 〔分量〕1人份 | 〔料理种类〕饺类

〔材料〕
◆ 水饺皮150克 ◆ 小油菜100克 ◆ 金针菇50克 ◆ 鲜香菇30克
◆ 胡萝卜30克 ◆ 西芹30克 ◆ 番茄2个

〔调味料〕
A 盐1/6小匙、白胡椒粉1/6小匙
B 番茄糊2大匙、俄力冈香料1/4小匙
　 蔬菜高汤2杯（做法见22页）、奶油1大匙
　 盐1/4小匙、白胡椒粉1/8小匙

〔装饰〕
新鲜迷迭香1支

〔做法〕

1　小油菜切碎后，加入少许（分量外）盐抓拌杀青，再挤干水分备用。

2　金针菇去蒂头、胡萝卜去皮、西芹撕除粗丝，与香菇分别切碎；番茄切成5毫米丁状。

3　金针菇、小油菜、香菇加入调味料A拌匀，即为馅料。

4　取1张水饺皮，包入约1大匙馅料，捏合成饺子状。

5　锅中加入1大匙纯橄榄油，放入番茄，用中火炒香后，加入西芹、胡萝卜、番茄糊、俄力冈香料拌炒均匀，再加入蔬菜高汤，用小火熬煮10分钟，加入奶油、盐、白胡椒粉调味。

6　加入包好的水饺，用小火煮6分钟，取出，排入盘中。

Cooking Tips:

青菜杀青，就是用少许盐抓拌一下，
让蔬菜的苦水、涩味消除。

这里的意大利饺，直接以读者熟悉的水饺方式呈现，
简化了正统西式料理繁琐的步骤，
让这道菜更容易做。

辣椒意大利面

〔种类〕全素 | 〔分量〕1人份 | 〔料理种类〕面类

〔材料〕
◆ 意大利面150克
◆ 金针菇50克
◆ 辣椒2个
◆ 罗勒30克

〔调味料〕
◆ 中筋面粉50克
◆ 盐1/4小匙

〔做法〕

1　辣椒去子后切碎；罗勒切碎备用。

2　金针菇去蒂头，切1厘米小段，沾上面粉后，放入烧热至170℃炸油，用中火炸至金黄色，捞出沥干油备用。

3　煮一锅沸水，加入1/4小匙盐（分量外）后，放入意大利面，用中火煮8分钟捞起备用。

Cooking Tips:

意大利面加入之后要拌炒，所以只要煮至八分熟即可。炒意大利面先不放辣椒，主要是不让辣椒炒烂了。

4　锅中加入纯橄榄油3大匙，放入煮好的意大利面，用中火炒香，再加入盐、辣椒拌炒均匀。

5　起锅前加入罗勒炒匀，盛入盘中，最后摆上炸金针菇即可。

番茄笔管面

〔种类〕全素 | 〔分量〕1人份 | 〔料理种类〕面类

〔材料〕
- 意大利笔管面150克
- 番茄1个
- 玉米笋50克
- 甜豆50克
- 罗勒30克

〔调味料〕
- 蔬菜高汤1/2杯
  （做法见22页）
- 盐1/4小匙
- 俄力冈香料1/8小匙
- 特级初榨橄榄油1小匙

〔做法〕

1 番茄切成5毫米见方的丁。

2 玉米笋切成3厘米长段；甜豆撕除两旁老筋，切成3厘米长段，并在两端切两个尖角。

3 煮一锅沸水，加入1/4小匙盐（分量外），放入笔管面，用中火煮10分钟后捞起备用。

4 锅中加入纯橄榄油2大匙，放入番茄，用中火炒香后，加入玉米笋、甜豆拌炒均匀，再加入蔬菜高汤煮30秒后，加入笔管面、盐、俄力冈香料调味。

5 待酱汁煮至浓稠后，加入罗勒拌匀，起锅盛盘，淋入橄榄油即可。

Cooking Tips:

笔管面已经煮至八分熟，炒时最后放入，面条才不会过于软烂。

起锅后再加入橄榄油，是为了增加香气。

奶油波特菇意大利面

〔种类〕奶素 | 〔分量〕1人份 | 〔料理种类〕面类

〔材料〕

◆ 意大利宽面150克 ◆ 波特菇100克

◆ 红甜椒30克 ◆ 黄甜椒30克

◆ 酸模30克 ◆ 新鲜巴西利碎1小匙

〔调味料〕

◆ 蔬菜高汤1杯（做法见22页）

◆ 盐1/4小匙、奶油2大匙

◆ 黑胡椒粒1/8小匙 ◆ 鲜奶油2大匙

〔装饰〕

盘底挤上巴萨米克醋膏线条

〔做法〕

1 黄甜椒、红甜椒去子，切成3厘米长条。

2 煮一锅沸水，加入少许盐（分量外），放入意大利面，用中火煮7分钟后捞起备用。

3 热锅，放入波特菇，用中小火干煎至出水后，加入红黄甜椒拌炒均匀，再加入意大利面拌炒后，加入蔬菜高汤熬煮。

4 待汤汁变稠，加入盐、奶油、黑胡椒粒拌匀，熄火，再加入鲜奶油拌匀即可。

5 盛盘时，先把波特菇内面朝上摆入盘中当容器，再把意大利面摆在波特菇内面上，最后放上酸模、撒上巴西里碎即可。

食材介绍

波特菇拥有平坦且多肉的菌伞和菌褶，是可以多样化运用的食材，肉肥厚且多汁，风味佳。目前最大的波特菇直径可达15厘米左右，所以很适合当容器装填，它很适合当主菜食用。

Cooking Tips:

波特菇下锅煎时，
要煎到香气出来后，再放入其他材料，
这样菇才会水分饱满好吃。

〔材料〕

* 千层面150克
* 素碎肉60克
* 素火腿50克
* 胡萝卜50克
* 西芹50克
* 新鲜巴西里碎1小匙

〔调味料〕

A 番茄糊2大匙、奶油1大匙、干燥百里香1/4小匙
　盐1/4小匙、匈牙利红椒粉1小匙
　蔬菜高汤2杯（做法见22页）

B 起司丝50克、帕玛森起司35克

焗烤素酱千层面

〔种类〕奶素 ｜〔分量〕1人份 ｜〔料理种类〕面类

〔做法〕

1 素碎肉泡水至软化；胡萝卜去皮、西芹撕除粗丝，与素火腿分别切碎备用。

2 锅中加入1大匙纯橄榄油，放入胡萝卜、西芹、素碎肉、素火腿，用中火炒香后，依序加入调味料A，用小火熬煮15分钟，即为内馅。

3 煮一锅沸水，加入少许盐（分量外），放入千层面，用中小火煮8分钟后捞起备用。

4 将煮好的千层面一片面、一层煮好的内馅、一层起司丝的顺序放入烤盘中，最上面撒起司丝。

5 放入预热至180℃烤箱，烤至表面金黄色，取出，撒上巴西里碎，刨入帕玛森起司。

南瓜面疙瘩

〔种类〕奶蛋素 ｜ 〔分量〕1人份 ｜ 〔料理种类〕面类

〔材料〕
- 板栗南瓜180克
- 中筋面粉220克
- 鸡蛋1个
- 芦笋50克
- 酸模50克

〔调味料〕
A 豆蔻粉少许、盐1/4小匙
B 鲜奶1/5杯、蔬菜高汤1/2杯（做法见22页）
　盐1/4小匙、鲜奶油3大匙、帕玛森起司50克
　黑胡椒粒1/4小匙

〔做法〕

1 板栗南瓜去皮、子后切片，放入蒸笼，用中火蒸10分钟。

2 取出南瓜130克，趁热捣成泥，加入中筋面粉、豆蔻粉、盐先拌匀，再放入鸡蛋，搓成圆球。

3 将做法2面团搓成长条状，分切小段，用手整形成扁圆形，再以叉子压平卷起，放入沸水中烫熟捞起。

4 芦笋削除硬皮，切成2厘米长段。

5 锅中倒入1大匙纯橄榄油，放入芦笋，用中火炒香，加入南瓜面疙瘩继续拌炒均匀。

6 加入剩下的板栗南瓜泥、鲜奶及蔬菜高汤，煮沸，加入盐调味，起锅前加入鲜奶油。

7 盛盘，刨入帕玛森起司，磨入黑胡椒粉，摆上酸模即可。

调味料介绍

豆蔻磨成粉就是所谓的豆蔻粉。拥有特殊浓厚的香气，可用于料理或是甜点中，是亚洲各国常用的香料。

Cooking Tips:

搓面团时要分次加入食材，
特别是蛋黄要最后加入，较好拌匀。
制作面团过程要沾上手粉，
才不会粘手。

双菇南瓜咸派

〔种类〕奶蛋素 ｜ 〔分量〕1个（6英寸〔直径15厘米〕）｜ 〔料理种类〕派类

〔材料〕

A 低筋面粉150克、鸡蛋1个

B 南瓜泥250克
　 马苏里拉起司150克
　 蘑菇50克、鲜香菇50克

〔调味料〕

A 奶油80克
　 糖40克
　 盐少许

B 盐1/6小匙

〔做法〕

1 低筋面粉加入鸡蛋、奶油、糖及盐混合，拌匀揉成团。

2 准备烤模，把揉匀的面团填压在烤模中，用叉子在面皮表面上叉洞后，修掉多余的面皮，放入预热至180℃烤箱，烘烤10分钟，即为派皮。

3 蘑菇、鲜香菇切片备用。

4 锅中加入1小匙纯橄榄油，放入蘑菇、香菇，用中火炒香后，加盐调味，起锅放凉后，加入马苏里拉起司、南瓜泥拌匀，再加入派皮中。

5 放入预热至180℃烤箱，烤10分钟，取出放凉即可脱模。

Cooking Tips:

奶油直接从冰箱拿出来用，做出来的派皮才有层次感。新手可以将奶油切小块，较易拌匀。

菇料炒好一定要先放凉再加入马苏里拉起司，有热度会使起司融化。

在派皮表面刺洞，可避免遇热膨胀变形。

夏威夷坚果披萨

〔种类〕奶蛋素 | 〔分量〕2人份 | 〔料理种类〕披萨类

〔材料〕

A 高筋面粉280克、低筋面粉120克
   干酵母粉4克

B 罐头菠萝200克、核桃150克
   葡萄干50克、起司丝120克

〔调味料〕

A 水200毫升、糖1克、橄榄油1大匙

B 意大利面酱3大匙
   Tabasco辣椒水1/4小匙、蛋黄酱1大匙

〔装饰〕

用巴萨米克醋膏在盘上画装饰线条后，撒上石竹、食用花、新鲜百里香。

〔做法〕

1 高筋面粉、低筋面粉、干酵母粉混合过筛后，加入水、糖、橄榄油拌至三光，用保鲜膜覆盖，静置发酵。

2 待面团膨胀至2倍后，把面团分割成2等份，每份用擀面棍擀平成6毫米厚的面皮，再用叉子在面皮表面上戳洞。

3 面皮表面抹上一层意大利面酱后，放上菠萝、核桃、葡萄干，再滴上辣椒水、挤上蛋黄酱，再撒上起司丝，包好捏紧，并用模型切除多余的面皮，成饺子状。依序完成另一个。

4 放入预热至200℃烤箱，烘烤6分钟即可。

Cooking Tips:

所谓的三光指的是手光滑（干净）、
面团光滑、盆面或是台面光滑。

判断是否发酵的方法为，
用手指沾一些手粉往面团中心搓个洞，
若凹洞不会弹回，则表示已经发酵完成。
发酵时间会因气温而有不同，夏季30℃时约15分钟，
冬季8℃时约40分钟。

香椿星星披萨

〔种类〕奶素 | 〔分量〕2人份 | 〔料理种类〕披萨类

〔材料〕

A 高筋面粉280克、低筋面粉120克
  干酵母粉4克

B 马苏里拉起司150克
  素火腿150克、青椒100克
  番茄50克

〔调味料〕

A 香椿粉1/4小匙、水200毫升
  糖1克、橄榄油1大匙

B 意大利面酱3大匙
  Tabasco辣椒水1/4小匙
  帕玛森起司50克

〔做法〕

1 马苏里拉起司切条状；素火腿切片；青椒切圆圈片；番茄切片备用。

2 高筋面粉、低筋面粉、干酵母粉混合过筛后，加入调味料A拌至三光，用保鲜膜覆盖，静置发酵。

3 取待面团膨胀至2倍后，把面团分割成2等份，每份用擀面棍擀平成6毫米厚的面皮，再用叉子在面皮表面上叉洞。

4 在面皮上划上6刀后，捏成星星状面皮，表面抹上意大利面酱后，放上素火腿、青椒、番茄、马苏里拉起司，再滴上辣椒水、刨上帕玛森起司。依序完成另一个。

5 放入预热至200℃烤箱，烘烤15分钟即可。

Cooking Tips:
烤盘上要抹油，以免粘黏。

图书在版编目（CIP）数据

第一本素西餐料理书／李耀堂著. — 北京：中国
纺织出版社，2018.1
（尚锦西餐系列）
ISBN 978 - 7 - 5180 - 4151 - 0

Ⅰ．①第… Ⅱ．①李… Ⅲ．①素菜—西式菜肴—菜谱
Ⅳ．①TS972.188.3

中国版本图书馆 CIP 数据核字（2017）第 243430 号

原书名：第 1 本素西餐料理书
原作者名：李耀堂
© 台湾邦联文化事业有限公司，2015
本书中文简体版经台湾邦联文化事业有限公司授权，由中
国纺织出版社于大陆地区独家出版发行。本书内容未经出
版社书面许可，不得以任何方式复制、转载或刊登。

著作权合同登记号：图字：01 - 2017 - 4336

责任编辑：范琳娜　　　　责任印制：王艳丽
封面设计：NZQ 设计　　　版式设计：品　欣

中国纺织出版社出版发行
地址：北京市朝阳区百子湾东里 A407 号楼　邮政编码：100124
销售电话：010—67004422　传真：010—87155801
http://www.c-textilep.com
E-mail：faxing@ c-textilep.com
中国纺织出版社天猫旗舰店
官方微博 http://weibo.com/2119887771
北京利丰雅高长城印刷有限公司印刷　各地新华书店经销
2018 年 1 月第 1 版第 1 次印刷
开本：787×1092　1/16　印张：9
字数：165 千字　定价：49.00 元